EXAMPRESS®

電気工事士試験学習書

電気
教科書

炎の
第2種
電気工事士

技能試験［テキスト＆問題集］

佐藤毅史

SE
SHOEISHA

本書内容に関するお問い合わせについて

このたびは翔泳社の書籍をお買い上げいただき、誠にありがとうございます。弊社では、読者の皆様からのお問い合わせに適切に対応させていただくため、以下のガイドラインへのご協力をお願い致しております。下記項目をお読みいただき、手順に従ってお問い合わせください。

●ご質問される前に

弊社Webサイトの「正誤表」をご参照ください。これまでに判明した正誤や追加情報を掲載しています。

正誤表　https://www.shoeisha.co.jp/book/errata/

●ご質問方法

弊社Webサイトの「書籍に関するお問い合わせ」をご利用ください。

書籍に関するお問い合わせ　https://www.shoeisha.co.jp/book/qa/

インターネットをご利用でない場合は、FAXまたは郵便にて、下記"翔泳社 愛読者サービスセンター"までお問い合わせください。
電話でのご質問は、お受けしておりません。

●回答について

回答は、ご質問いただいた手段によってご返事申し上げます。ご質問の内容によっては、回答に数日ないしはそれ以上の期間を要する場合があります。

●ご質問に際してのご注意

本書の対象を越えるもの、記述個所を特定されないもの、また読者固有の環境に起因するご質問等にはお答えできませんので、予めご了承ください。

●郵便物送付先およびFAX番号

送付先住所　〒160-0006　東京都新宿区舟町5
FAX番号　　03-5362-3818
宛先　　　　（株）翔泳社 愛読者サービスセンター

基本となる単位作業7種を繰り返し 練習すれば、100%合格できる!

　弊社の電気教科書シリーズのテキストを手に取り、目を通していただきありがとうございます。本書を手に取られた皆様は、色々な思いを持って本書に手を付けていることと思います。そして、本書を学習の一助として選んだ皆様は、既に合格への最短コースを歩めることが約束されました！　現役電気工事会社の社長が執筆した本書は、現場で実際に作業することを念頭に、合理的かつ分かり易さを徹底重視したテキスト編成で、多くの受験生の合格をサポートしてきた実績があるからです。

　と、ずいぶん大見栄切った紹介となりました。申し遅れましたが、私は本テキストの著者の佐藤毅史と申します。これまでに、危険物取扱者・消防設備士と技術系資格取得テキストの執筆に携わる一方、普段は電気工事会社の社長として、上下作業着を着て日々現場仕事をしています。

　他社書籍の批判ではありませんが、単位作業の1つである「輪作り」ついてペンチで行う事例を紹介しているものを見かけます。しかし、現場でペンチを使う人はゼロなのです。現場でやらない方法を採用することに何のメリットがあるのでしょうか？

　本書籍最大の特徴は、実技試験13課題については丁寧に解説する一方、現場でも重要視される基本となる単位作業の習熟を通して、時間内に欠陥無く確実に作品を仕上げるスキルを身に付けられるように私の創意工夫を大いに盛り込んでいることです。

　課題は13種類ありますが、じつはそれぞれが結構似通っていて、単位作業別に分けて考えると、実際には7種類程度になるのです。一例として、ランプレセプタクルの加工は、13課題中12課題で採用されていることからも、課題の作業重複は結構あるのです。

　電気工事士の実技試験最大の特徴は、候補問題が全て公開されていることです。施工条件は当日にならないと分かりませんが、公表問題について想定条件の元で練習を繰り返すことができ、事前に高確度の対策を行うことが可能なのです。そうです、このテキストを学習の一助としてしっかりと勉学に取り組めば、必ずや合格できることでしょう！！　電気工事士の作業環境を考えますと、なり手の高齢化が進んでいます。生活環境の多様化（オール電化、太陽光発電など）に伴い、電気の必要性は従来にも増しているのにもかかわらず、現場は高齢者ばかりです。雇用環境の不安定化も益々進むであろう時代にあって、「手に職」をつけることは、人生100年の時代にあって、安定した人生を送るための大きな助けになってくれると確信します。

　本書が電気工事士を目指す皆様が合格（資格証）を勝ち取り、安定した仕事に就労するためのサポートができる最良の指南書であることを確信しています。

2023年05月　佐藤　毅史

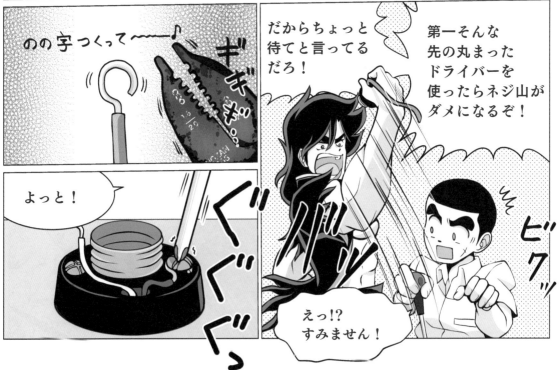

いいか一殻。
「弘法筆を選ばず」という
言葉がある。

しかし、俺たちは筆、
つまりは道具を
選ばなくては
いけないんだ。

どうしてです？

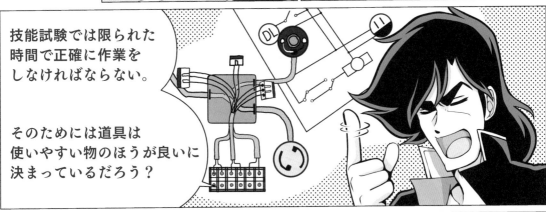

技能試験では限られた
時間で正確に作業を
しなければならない。

そのためには道具は
使いやすい物のほうが良いに
決まっているだろう？

使いやすい道具……
知りたいです！

うん
うん

うむっ

そうこなくては！

一殻の手に
馴染む道具を
選んでやろう。

ちなみにインターネットで
一式揃える方法もあるぞ。

必要な道具がもれなく
揃っているから
安心だ。

誰と話してるんですかー
いきますよー

ピッ

CONTENTS | 目次

第0章 導入講義 ………………………………………………………… 001

第1章 筆記試験の復習！ 複線図の描き方は「国松式複線図絵描き歌」で攻略せよ!! …………… 021

第2章 基本となる単位作業「7種類」を極めよう!! …… 043

◆第2種電気工事士とは

電気工事の欠陥による災害の発生を防止するために、電気工事士法によって一定範囲の電気工作物について電気工事の作業に従事する者の資格が定められており、それが電気工事士です。電気工事士には第1種と第2種がありますが、第2種電気工事士は、一般住宅や小規模な店舗、事業所などのように、電力会社から低圧（600ボルト以下）で受電する場所の配線や、電気使用設備等の一般用電気工作物の電気工事の作業に従事することができます。

◆試験の内容

第二種電気工事士の試験では、学科試験と技能試験が課されます。学科試験は、マークシートに記入（筆記試験）又はパソコンで解答（CBT方式）する四肢択一方式です。技能試験は筆記試験の合格者と免除者に対して、持参した作業用工具により、配線図で与えられた問題を支給される材料で一定時間内に完成させる方法で行います。

	試験科目	問題数	試験時間
学科試験	（1）電気に関する基礎理論	50問	120分
	（2）配電理論及び配線設計		
	（3）電気機器・配線器具並びに電気工事用の材料及び工具		
	（4）電気工事の施工方法		
	（5）一般用電気工作物の検査方法		
	（6）配線図		
	（7）一般用電気工作物の保安に関する法令		
技能試験	（1）電線の接続	1問	40分
	（2）配線工事		
	（3）電気機器及び配線器具の設置		
	（4）電気機器・配線器具並びに電気工事用の材料及び工具の使用方法		
	（5）コード及びキャブタイヤケーブルの取付け		
	（6）接地工事		
	（7）電流、電圧、電力及び電気抵抗の測定		
	（8）一般用電気工作物等の検査		
	（9）一般用電気工作物等の故障箇所の修理		

◆筆記試験の免除

前回の第二種電気工事士筆記試験に合格した方や、高等学校、高等専門学校及び大学等において経済産業省令で定める電気工学の過程を修めて卒業した方など、該当する方は申請により筆記試験が免除になります。

◆合格基準

学科試験は、60点が合格基準です（本書の対象ではありません。年度によって多少異なります）。技能試験は、時間内に出題された配線図をミスなく施工できていれば合格となります。

◆試験日程

上期試験と下期試験の年に2回実施されます。

【上期試験】

学科：筆記方式は5月下旬、CBT方式は4月下旬〜5月上旬

技能：7月中旬

【下期試験】

学科：筆記方式は10月上旬、CBT方式は9月下旬〜10月上旬

技能：12月中旬

※以上の情報は、本書刊行時のものです。変更される可能性もあるので、詳細は後に掲載する
　問合せ先でご確認ください。

◆受験資格、受験地

受験資格はなく、誰でも受験できます。試験は各都道府県（一般財団法人電気技術者試験センターの各都道府県支部）で実施され、居住地に関係なく、どこでも受験できます。

◆受験の手続き

受験の申し込み方法には、ホームページ上で申込みを行う「インターネットによる受験申込み」と、受験申込書を郵送する「書面による受験申込み」の2種類があります。受験申込みをした（受験手数料が入金された）後、試験日の約2週間前に試験センターから受験票が郵送されます。

◆受験手数料

第二種電気工事士の受験手数料は、書面9,600円、インターネット9,300円（非課税。2023年5月現在）です。

◆問合せ先

受験内容に関する詳細、最新情報は、試験のホームページで必ず事前にご確認ください。試験日程の確認や、ネット申込みもこちらから行えます。

一般財団法人 電気技術者試験センター

〒104-8584　　東京都中央区八丁堀2-9-1（RBM東八重洲ビル8F）

電話：03-3552-7691　／　FAX：03-3552-7847

（午前9時から午後5時15分まで。土・日・祝日を除く）

メール：info@shiken.or.jp

URL：https://www.shiken.or.jp/index.html

Structure | 本書の使い方

本書では、技能試験に必要な知識と技能を豊富な写真とともに紹介しています。

重要度：🔥🔥🔥

| No. 09 /30 | ケーブル・電線の 剥ぎ取り作業を 学ぼう！ |

動画はこちら！

> **動画が見られる QRコード （一部のNo.に はありません）**

単位作業の1つ目は、基本となるケーブル・電線の剥ぎ取りだ。電線の種別（平形か丸形か）によって使用する工具（①ナイフ、②ワイヤーストリッパ）が分かれるが、君がやり易い方法で作業してくれればOKだ。力の加減や割ぎ取る作業については、「コツ」をつかむまでは少し難しいかもしれないが、繰り返し練習して慣れるようにすれば、必ず攻略できるぞ！！

Step1 図解 目に焼き付けろ！

ケーブル・電線の種別毎 剥ぎ取りに使用する工具 一覧

	外装被覆	電線
絶縁電線（IV1.6/2.0）		ナ・ワ
平形ケーブル（VVF1.6/2.0, EM-EEF1.6/2.0）	ナ・ワ	ナ・ワ
丸型ケーブル（VVR1.6/2.0）	ナ	ナ・ワ

※ナイフ：ナ、ワイヤーストリッパ：ワ

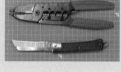

> 図を見ると、ナイフがあれば全ての作業ができると分かるな！ ナイフの取扱いは、電気工事士として必須のスキルと言えるぞ。なお、時短を考えるとワイヤーストリッパの方に分があるかもしれないな。君にとってやりやすい方法を理解して使い分けてくれよ！！

044

> **Step1図解**

> **Step2解説**

Step2 解説 爆裂に読み込め！

➡ 使用する工具でも、寸法を測ることができるんだ!!

第0章（導入講義）No.02で作業時間の短縮が可能になる工具類について触れたのを覚えているかな？ 電線加工の時間を短縮するワイヤーストリッパのほか、プレート外しキーやカッターマットについて紹介したよな。

 カッターマットはスケールを使わなくても、作業机に敷くだけで寸法を測れるので楽ですよね！

このほか、No.04では手尺という自分の身体を使い長さを測定することを講義したな。
ここではさらに話を進めて、このテーマで学習するケーブル・電線の剥ぎ取り作業に使う工具類でも尺を測れることを紹介しておくぞ。

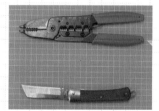

ワイヤーストリッパ（上）とナイフ（下）

 ケーブル・電線の剥ぎ取り作業に使う工具類でも長さを測れるんですね！！

第2章 基本となる単位作業「7種類」を極めよう！！

さあ、完成した3連装の埋込器具の結線を見てくれ！　歌を歌いながら結線作業ができるなんて、ホント驚天動地の簡単さだろう！？
もちろんこれで完了だが、間違っていないか確認するんだ。

3連の完成形の裏の結線状況

第
2
章
基本となる単位作業「7種類」を極めよう！！

そう、電気の流れ（行って帰って）を念頭に、必ず見直しをするんだぞ！！

先ほどの2連の時と同じように、電気の流れを念頭に、複線図絵描き歌で見直ししておきます！！

試験では2連（スイッチとパイロットランプ）で出題されることが多く、接続の仕方で3パターンに分かれるぞ。詳細は第1章No.08で解説しているので、そこをチェックしてくれればOKだ！！

Step3 要点　国松の注目ポイント！！

①ケーブルが複数本となって煩雑になる複数の埋込器具を設置した連用取付枠への結線で用いられるのが「渡り線」だ。
②苦手に思う受験生の多いところだが、「国松式複線図絵描き歌」を唱和すれば、複雑に見える器具裏の結線も驚天動地の簡単さで攻略できる！　唱和せよ！！

Step3要点

◆テキスト部分

各テーマは、3ステップで学べるように構成しています（第0章・第3章を除く）。

Step1図解：重要ポイントや各単位作業で使う道具の説明をしています。

Step2解説：写真や図による丁寧な解説で、イメージを理解につなげることができます。

Step3要点：押さえるべき最重要ポイントを振り返ることができます。

Special | 読者特典のご案内

本書の読者特典として、解説動画を提供しています。

◆動画の閲覧方法

動画を提供しているNo.は以下の通りです。なお、一部のNo.では動画ではなく音源のみを提供しています。

No.06,07,09〜15,18〜30

各No.に記載のQRコードから直接動画を見ることができます。また、下記URLからも任意のNo.の動画を見ることができます。書籍と併せてご覧いただき、技能試験の練習にご活用ください。

https://www.shoeisha.co.jp/book/present/9784798178479

ダウンロードにあたっては、SHOEISHAiDへの登録と、アクセスキーの入力が必要になります。お手数ですが、画面の指示に従って進めてください。アクセスキーは本書の各章の最初のページ下端に記載されています。画面で指定された章のアクセスキーを入力してください。

なお、本書で提供している動画は、一度ログインすれば、二回目以降はログインの必要がありません（ただし、同じブラウザでの閲覧を前提としています）。

免責事項

- ・PDFファイルの内容は、著作権法により保護されています。個人で利用する以外には使うことができません。また、著者の許可なくネットワークなどへの配布はできません。
- ・データの使い方に対して、株式会社翔泳社・著者はお答えしかねます。また、データの運用結果に対して、株式会社翔泳社・著者は一切の責任を負いません。

Special | 外装 &IV 線の剥ぎ取り尺一覧表

No.16にも掲載しているが、ケーブル外装・IV線の絶縁被覆の剥ぎ取り尺を一覧表にしてみた。このページに付箋を貼ったり、切り取ったりして、いつでも見られるようにすると、頭に叩き込めるはずだ！頑張れ！

俺は、腕立て伏せをしながら頭に叩き込みます！

器具	外装 &IV 線の剥ぎ取り尺
引掛シーリング（角形・丸形）	外装20mm　絶縁被覆10mm
配線用遮断器（ブレーカー）	外装40mm　絶縁被覆10mm
端子台	外装50mm　絶縁被覆12mm
埋込器具（コンセント・各種スイッチ）	外装100mm　絶縁被覆10mm
渡り線（埋込器具裏）	IV線長100mm　絶縁被覆両端　各10mm
ランプレセプタクル	外装40mm　絶縁被覆20mm
露出形コンセント	外装30mm　絶縁被覆20mm
ジョイントボックス内リングスリーブ圧着接続部	外装100mm　絶縁被覆20mm
ジョイントボックス内差込形コネクタ接続部	外装100mm　絶縁被覆12mm
ジョイントボックス間渡り線 ※寸法150mmの場合	ケーブル線長350mm　外装剥ぎ取り両端　各100mm

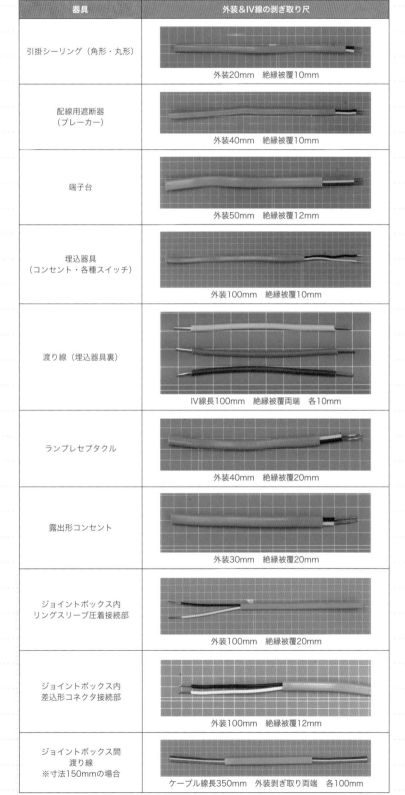

第 0 章

導入講義

学習の一番初めは、第 2 種電気工事士の実技試験の概要を見ていくぞ！
「敵を知れば、百戦危うからず」

　試験概要を知ることで、試験の傾向や事前に準備しておくべきこと・道具についても理解できるはず！

　先ずは汝（君）の敵を知り尽くすんだ！！

技能試験当日の流れを知っておこう！

このテーマでは、技能試験当日の試験会場内での試験の流れを見ていくぞ。試験時間は40分だが、試験開始前に行うことや、取り組む心構え、そして、試験開始前にできる試験攻略のポイントなんかも解説しておくぞ！　これを知れば、怖いもの無しだ！！

爆裂に読み込め！

→ 試験開始前：問題配布されたら材料確認を行おう!!

技能試験は筆記試験に合格した人に対して行われるんだ。だが、試験は試験であって何も特別なことはないぞ。試験会場についたら、君の手元にある受験票に記載されている受験番号を確認して、試験室内の自分の席に着席するんだ。

「時間のゆとりは、心のゆとり」という言葉があるから、試験会場には遅くとも40分前ぐらいにはいるようにしておくんだ！　時間ギリギリなんて絶対NGだからな！！

試験会場が初めての場合には、一度下見をしておくのもアリですね！！

余裕をもって席に着いたら、カバン等の手荷物は下に置き、携帯電話やスマートフォンは電源をオフにすることを忘れずにな！　作業机の上には、持参した工具（必要な工具は後述するぞ）と筆記用具を出しておくんだ。なお、受験票は机上の指定された場所に置いておくんだ！

試験開始35分前ぐらいになると、入室禁止時間となり、その後数分の待機時間となるんだ。この間に机上の不要物（参考図書など）を片付けて着席するように指示があり、試験についての一般的な諸注意事項の読み上げが監督官から行われるぞ。そうこうしていると、試験開始の30分前になっているはずだ。そうしたら、いよいよ試験開始前の準備を以下の順番で行うぞ。

◆問題用紙と試験材料の配布・記入

試験開始30分前ぐらいになると、問題用紙と試験材料の配布が始まるぞ。問題用紙については、材料表のある表紙を表にして配られるが、試験開始の合図まで中を見ることはできないぞ。

【問題用紙の表紙】

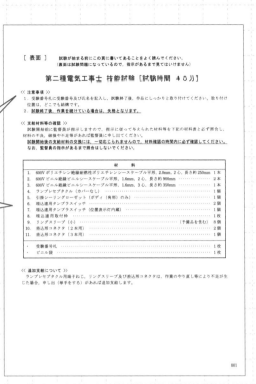

［表面］ 試験が始まる前にこの頁に書いてあることをよく読んでください。
（裏面は試験問題になっているので、指示があるまで見てはいけません）

第二種電気工事士 技能試験 ［試験時間 40分］

《 注意事項 》
1. 受験番号札に受験番号及び氏名を記入し、試験終了後、作品にしっかりと取り付けてください。取り付け位置は、どこでも結構です。
2. 試験終了後、作業を続けている場合は、失格となります。

《 支給材料等の確認 》
試験開始前に監督員が指示しますので、指示に従って与えられた材料等を下記の材料表と必ず照合し、材料の不良、破損や不足等がある場合は監督員に申し出てください。
試験開始後の支給材料の交換には、一切応じられませんので、材料確認の時間内に必ず確認してください。
なお、監督員の指示があるまで照合はしないでください。

	材　料	
1.	600Vポリエチレン絶縁耐燃性ポリエチレンシースケーブル平形、2.0mm、2心、長さ約250mm	1本
2.	600Vビニル絶縁ビニルシースケーブル平形、1.6mm、2心、長さ約900mm	2本
3.	600Vビニル絶縁ビニルシースケーブル平形、1.6mm、3心、長さ約350mm	1本
4.	ランプレセプタクル（カバーなし）	1個
5.	引掛シーリングローゼット（ボディ（角形）のみ）	1個
6.	埋込連用タンブラスイッチ	2個
7.	埋込連用タンブラスイッチ（位置表示灯内蔵）	1個
8.	埋込連用取付枠	1枚
9.	リングスリーブ（小） （予備品を含む）	8個
10.	差込形コネクタ（2本用）	2個
11.	差込形コネクタ（3本用）	1個
・	受験番号札	1枚
・	ビニル袋	1枚

《 追加支給について 》
ランプレセプタクル用端子ねじ、リングスリーブ及び差込形コネクタは、作業のやり直し等により不足が生じた場合、申し出（挙手をする）があれば追加支給します。

001

> 冒頭の注意事項は必ず読んで、頭の中に叩き込め！！

> 監督官の指示があったら、材料箱の中とリストを照合して、不足が無いか確認だ！

> 問題用紙の表に使用する試験材料の記載があるってことは、その材料リストから、ある程度課題が何かを判別できるのでは！？

> お、いい気付きだな！　施工条件等の細かい内容については、問題用紙の中を見ないと分からないが、13ある候補問題について一通りの練習をしていれば、実は問題用紙の配布が行われると、何をやるのかの大よその内容は分かってしまうんだ！

◆配布材料に漏れが無いかチェックしよう！

　試験開始の10分前ぐらいになると、支給された材料箱を開けて中身が材料表と同じか確認するように指示されるぞ。試験実施団体も何度もチェックしているはずだが、この時材料に不足が無いかよく確認することが大事だ。もし、材料の不足があった場合には、速やかに不足分の材料の支給を受けるんだ！

　試験開始後になって不足に気付いても、不足材料の支給は受けられないんだ。必ず確認するんだ！！

　なお、従来は予備品として端子ねじ（コンセント等）が支給されていたが、現在は支給されていないぞ。現在の試験で追加支給が認められているのは、①リングスリーブと②差込形コネクタ、端子ねじ（コンセント等）の3品目だ。これらは、追加支給をしても、合否には影響しないから、

電線接続を間違えた場合には、落ち着いて、やり直しができることも覚えておこう！！

 電線接続は間違える人が多いから、やり直しができるようにしているんですね！！

 なお、材料の過不足が無いかを確認したら、材料を箱の中の元の位置に戻しておくんだ。作業机がそこまで広くない上、落としたりして器具を破損させたらシャレにならないから、使う時に取り出せるようにするといいぞ！！

➡ 試験開始後：号砲が鳴った！　さあ、どうする!?

　材料確認を終えて少しの待機時間を経て開始時刻になると、「それでは始めてください」という監督官の合図があって、試験開始となるぞ。時間は40分で、途中のアナウンスは無いから、自分で時間管理を行う必要があるぞ。なお、試験会場に時計が無い場合も考えられるので、できればアナログ式の腕時計を持参していくといいぞ！

　さあ、試験が始まった。課題の作成に向けて何から始めれば良いか。多くの参考書では、回路図（複線図）を描いてから課題を作り上げる方法を推奨しているようだが、はっきり言ってこの方法は絶対NGだ。複線図を描くために5分程度要することから、時間的なムダでしかないぞ。俺が教える国松式複線図絵描き歌を使えば、回路図なんか描かなくても簡単に課題を作成することができるぞ。

　それでは、以下、試験開始の合図～課題完成までに君がやるべきことを紹介するぞ。

①一番大事！　施工条件を確認しよう！　<目安：3～5分>
【問題用紙の中身】

試験時間は
40分！

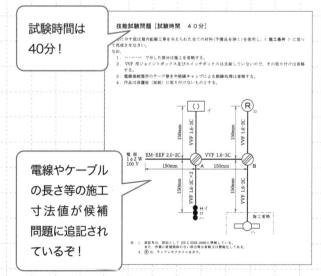

電線やケーブルの長さ等の施工寸法値が候補問題に追記されているぞ！

　一番最初にやるべきことは、施工条件の確認だ。試験開始前に問題表紙に記載の材料表から判断した試験課題の大よその内容と突合させて、さらに細かい施工条件について確認するんだ。施工条件を守っていないと「欠陥」として扱われて不合格になってしまうんだ。

　施工条件については、問題文中に表記があるので特段覚える必要はないが、一例として示されることの多い条件を以下に列記しておくぞ。

【課題作成で多い施工条件　一例】
①電源からの接地側電線には白色を使用する。
②電源からの非接地側電線には黒色を使用する。
③VVF用ジョイントボックス（A・B）について、Aはリングスリーブ、Bは差込形コネクタによる接続とする（逆になる場合もアリ）。
④埋込連用取付枠は、タンブラスイッチ（イ）及びコンセント部分に使用すること。　等々…

---

②複線図を見ながら工具を使って各パーツの作成！　<目安：25分>

　限られた時間内で正確な作業のもとに課題を作成するためには、基本となる単位作業の理解とその再現性がポイントになるんだ。そこで、俺が推奨する施工法、それは「同一の作業はひとまとめにして行う」という方法だ。

　例えば、電線を剥く作業と接続する作業では使う工具が異なるので、道具をその都度持ち替えていては、時間的なロスが発生してしまうよな。

　そこで、作業の内容に合わせて以下の手順で行うと、効率よく課題を作成することができるぞ。

| アウトレットボックス周辺の施工 | 器具接続・電線切断 | ボックス内の電線接続 | 完成作品の点検（見直し） |

施行順序

課題によっては、アウトレットボックスが無い場合もあるので、その場合は次の「器具接続・電線切断」から取り組んでくれればOKだ。なお、電線については、器具ごとに細かく長さを切り分ける方法を採用すると、間違えたりした場合に取り返しがつかないことになる（特に最後の方で）ので、丸まった状態の電線を先に器具付けしてから、寸法を測って電線を切断する方法にすれば、ミスが少なくて済むぞ！！

13課題中12課題で出題されるランプレセプタクルから取り組んで、その後は差し込むだけの器具（スイッチやコンセント）に取り組むとか、自分なりのルーティンを確立すると良さそうですね！

③完成作品の点検（見直し）と手直しを実施！　<目安：残り時間で>

　時間内に余裕を持って作品が完成したら、施工条件を確認しながら、必ずその作品の見直しを行うんだ！

「誤配線（白黒が逆）は無いか」「電線接続は誤りが無いか」「長さ（尺）は適切か」

「単線図通りの形になっているか」「ねじや差込器具に緩みはないか」

 採点に影響はないが、接続した電線については、花の花弁のように開いて見やすいようにしておくと、確認作業がしやすくなるぞ。

 国松式複線図絵描き歌を歌いながら電線をなぞると、確認が楽にできますね！！

　修正できるものについては、必ず修正するんだ。しかし、完成後にミスに気付いたとしても、正直修正するだけの時間が十分にあるかは微妙な所だ。だからこそ、一つひとつの作業を丁寧に行い、確実に進めていくことが重要なんだ。

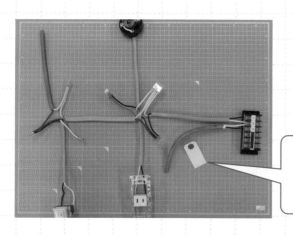

完成した作品は、電線などに受験番号札を取り付ける！

 施工条件通りに作業を行い、練習の成果を発揮すればよいだけなんだが、試験会場特有の緊張感でミスをしてしまう受験生も多くいるようだな。欠陥は一発不合格だから、気持ちを落ち着けて、普段通りに取り組むようにしてほしいぞ！！

　試験終了の合図が鳴ったら、机上にある電線の切りくずを片付けて、完成した作品を置き、監

督官の指示を待つんだ。勝手に退席はできないぞ。なお、試験時間内に作品が完成できなかったとしても、材料の持ち帰りはできないので、気を付けてくれよ！！

国松の注目ポイント!!

①問題配布時は、試験材料表を見て試験の内容をある程度予測しよう！　試験開始後の作業の段取りを考えてもいいぞ！！

②時短作業のコツは、使う工具・作業の順番を統一すること！！　自分がやり易い方法を練習する中で発見するんだ！！

③練習の時と同じように、リラックスして取り組もう！　一つ一つの単位作業を確実・丁寧に行い、最後に見直しを忘れずに！！　最後まで、絶対にあきらめるな！！

作業に必要な工具を選定しよう!

重要度: 🔥🔥🔥

このテーマでは、技能試験の課題を作成する上で必要な工具について紹介するぞ。工具は受験生が自ら用意し、本試験会場に持って行くんだ。作品の完成度にも大いに影響するところだから、工具選びを正しく行うことは、合格への最短経路を歩む上で必須の事項と言えるぞ!!

爆裂に読み込め!

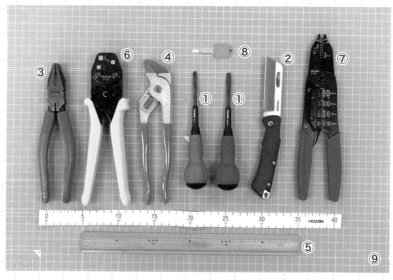

指定工具一式

※この後の手順説明で使用する工具は、No.02で紹介する工具と全く同じものではありませんが、工具そのものの使い方は同じです。

家の中にある工具箱内の地味に錆びついた工具を使って受験しようなんて、絶対に考えないでくれよ! 現場で作業する時も、道具は良質なもので工事をする方が作業効率も圧倒的にいいんだ。「弘法（君）は筆（道具）を選ぶ」んだ!!

➡ 最低減必要な「指定工具」はこの6つだ!!

　試験当日の流れが分かったら、次は課題を作成する上で必要な工具類について見ていくぞ。試験では、受験生が自ら使用する工具を用意する必要があり、以下6種類の指定工具については、必ず必要になるものだぞ。

【指定工具　6種】　※番号は冒頭図と連動しているぞ。
①ドライバ（プラス、マイナス）
②ナイフ（電工ナイフ）
③ペンチ
④ウォータポンププライヤ
⑤スケール
⑥リングスリーブ用圧着工具（圧着工具）

道具はどこで揃えればよいのでしょうか？　選ぶ際のコツなんかも教えてください！！

　もし君が電気工事の仕事をしていて、普段使い慣れている工具があるならそれを使うのが一番だ。電気工事の仕事に携わっていない人については、指定工具の多くは大型のホームセンター等で扱っているので、必要なものを個別に購入してもいいが、一式セットで販売されているものを用意すると便利だぞ。

　なお、冒頭でも熱く伝えているが、家の中にある道具箱の中の錆びかけている道具を使用するのはやめた方がいいぞ。新品の道具を使って丁寧かつ確実な作業をすることにより、合格できる作品ができるようになるだろう！！

【指定工具の紹介】

①　ドライバ（プラス、マイナス） 　ねじを締める際に使用するぞ。なお、プラスドライバは2番、マイナスドライバは刃幅5.5mmのものを用意するんだ！	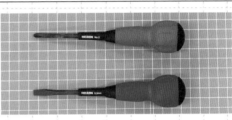 プラスとマイナスのドライバ
②　ナイフ（電工ナイフ） 　ケーブルの外装を剥ぎ取るのに使用するぞ。後述するストリッパを使っても問題無いが、VVRケーブルの剥ぎ取りにはナイフがあると楽に作業ができるぞ。	 ナイフ（折り畳みか1本物か）
③　ペンチ 　露出形コンセントやランプレセプタクルへの接続に必要な輪作りに使うぞ。②のナイフ同様に、ストリッパで代替ができるので、作業しやすい方を使用するようにしてくれ！　なお、必要なサイズは「呼び175mm」でくわえ幅14mmのものだ。	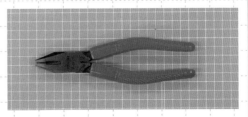 ペンチ

④ ウォータポンププライヤ 　電線管をアウトレットボックスに取り付けるときや、ボックスコネクタ上の止めねじのねじ切りに使用するぞ。	 ウォータポンププライヤ
⑤ スケール 　巻き取り式のメジャーでもOKだが、30cm程度のものさし（定規）でも代替できるぞ。なお、後述するカッターマットを用意すれば、練習のときも含めて、長さを測る時間を短縮することも可能だ！	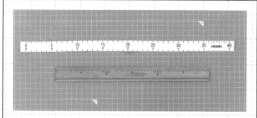 スケール
⑥ リングスリーブ用圧着工具（圧着工具） 　リングスリーブを圧着する際に使用するぞ。柄が黄色の物を用意しよう！　なお、第2種電気工事士では、使用するリングスリーブが「小」と「中」のため、手が小さい人は「大」マークの無い小型の圧着工具を使うのがオススメだ！！	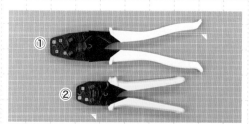 圧着工具（柄は黄色）でどちらかを用意 ①大まであるもの、②中までのもの

➡ あると便利!　作業の時短になる工具類は、この3つだ!!

　技能試験の時間は40分と、慣れている人には問題無い時間だが、工具を触り慣れていない人には短いと感じることもあるようだな。そこで、ここではあると便利な時短工具について、以下3つほど触れておくぞ。

⑦ ワイヤーストリッパ 　ケーブルの外装とIV線の被覆剥ぎ取りをスピードアップさせることができるのが、ストリッパだ。これ一つで剥ぎ取りの他に、電線の切断や輪作りもできるので、一本持っていると、作業スピードが格段にアップするはずだ。	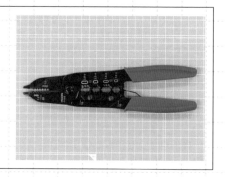

⑧　プレート外しキー
　スイッチやコンセント等の埋込器具類から電線を外すときに使用するぞ。マイナスドライバでも代替はできるが、力の加減を誤ると器具を破損する可能性があるので、用意しておくと安全だ！

プレート外しキー

⑨　カッターマット
　目盛の記載されているものを用意するといいぞ。作業机の上に敷いておけば、印字されている尺をそのまま使用できるので、スケールで測る手間を省くことができるぞ。

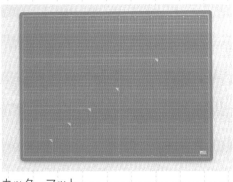

カッターマット

実際の試験中に電線を外す（⑧）ことはあまりないかもしれないが、誤接続の時なんかはあると便利だぞ。なお、課題を練習する時は、器具については使いまわしになるので、あると練習がスムーズに行えて便利だ！！

一式で売られているとのことなので、早めに購入して工具については手に馴染ませる＆使い慣れるようにします！

国松の注目ポイント!!

①いい仕事は、いい工具類から！　試験時間内に確実に課題を作成するためにも、工具類にはしっかりお金をかけよう！
②あると便利な時短工具も、そろえられるものはそろえておくんだ！！

重要度: 🔥🔥🔥

練習に必要な材料＆候補問題を調達しよう!

> このテーマでは、技能試験の課題を作成する上で必要な材料（器具・電線）と候補問題の調達法について紹介するぞ。先に説明した工具類は持参して試験に臨むが、材料は支給されるので、ここでは練習用と思ってくれればOKだ。候補問題は事前に13課題が公表されているので、直ぐにHPにアクセスするんだ!!

爆裂に読み込め!

材料（器具・電線）の調達	⇒試験材料セットを一式購入
	⇒ホームセンターで個別に購入
候補問題の調達	⇒「電気技術者試験センター」HPからゲット!!

🔜 材料（器具・電線）の調達法は2つ！ オススメは一式購入だ!!

　技能試験の課題を作成する上で必要な工具類を持参することは前テーマで触れたが、電気工事試験用の材料（器具・電線類、以下材料等とする）は受験生毎に用意されるので、それを与えられた条件に従って、時間内で組み立てていくんだ。ここで紹介する材料等は、本試験会場に持って行くものではなく、あくまで自宅で練習するためのものとして考えてくれよ！！

> 工具類と材料等が揃えば、いよいよ課題の練習に突入って感じですね!!

　そうだな。テキストを購入したら勉強するやる気スイッチが入るとかいうこともあるから、工具類と材料等が揃うと、何だかやる気が出てくる（やらないとまずいという焦りが生じる！？）というのも、あながち間違いではないカモしれないな！　では、肝心の材料等はどのように調達すればよいかだが、これについても工具類と同じで大型のホームセンター等で扱っているので、必要なものを個別に購入してもいいが、一式セットで販売されているものを用意すると便利だぞ。

特に必要となる電線長は13課題一式を実施するに際しては、例えばVVF1.6-2Cは相当長になるのだが、単位作業の練習まで含めるとかなりの量になるんだ。

　ホームセンターでは電線類は量り売りになるので、不足があるとその都度買いに行かないといけないので、面倒だと思わないか？　よって、一式セットになって販売されているものを購入する方が無駄が省けるというわけだ！！

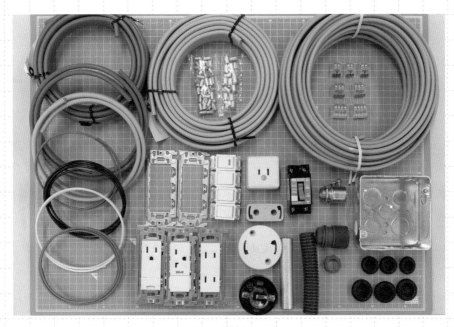

練習用材料2回分

 ちなみにですが、練習用の材料は1〜3回分用意されているみたいですが、何回分購入すれば良いのでしょうか？？

 君の習熟度や経験等による所なので一概には言えないものだが、経験の無い人にとっては、電線2回分を購入すると練習をみっちり行えるので安心と言えるぞ。

➡ 本試験候補問題はネットでゲット！　何故公表されているのかを考えろ!!

　技能試験の候補問題は、毎年1月頃に試験実施団体である「電気技術者試験センター」のホームページのお知らせに候補問題となる13課題が公表されるぞ。PDFになっているので、ダウンロードしてプリントアウトしてくれよ！

●一般財団法人　電気技術者試験センターが公表している候補問題（令和5年度）
https://www.shiken.or.jp/candidate/pdf/K_R05K.pdf
13課題のうち、本試験では1問がランダムに選ばれて出題されるぞ。

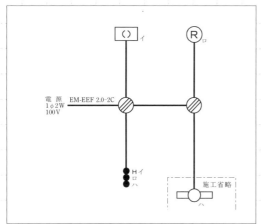

候補問題　No.1

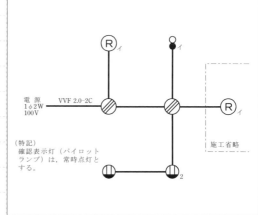

候補問題　No.2

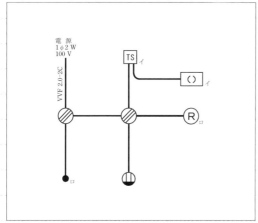

候補問題　No.3

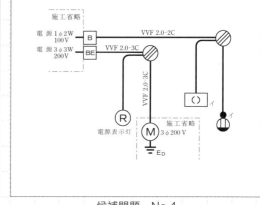

候補問題　No.4

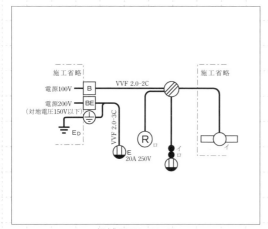

候補問題　No.5

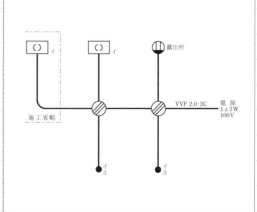

候補問題　No.6

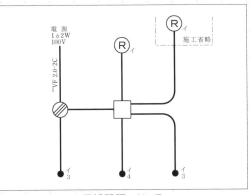

候補問題　No.7

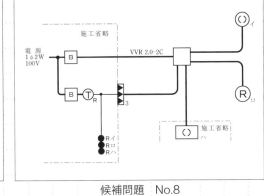

候補問題　No.8

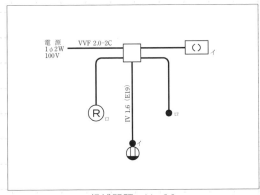

候補問題　No.9

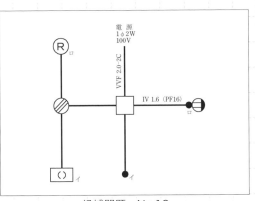

候補問題　No.10

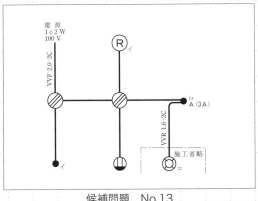

候補問題　No.11

候補問題　No.12

候補問題　No.13

13課題の回路図が描いてあるだけで、施工条件等は記載が無いんですね！！

　公表されるのは13課題の回路図で、施工条件は当日の問題文を読んでその場で判断して課題を作り上げる必要があるぞ。よって、施工条件についてはこちらで出題されそうなパターンをいくつか用意するから、それに従って課題を作り上げる練習をすることで、どんな施工条件でも対応できるような「臨機応変力」を養うことが肝と言えるぞ！！

 あらかじめ問題が公表されているということは、どんな条件でも課題を作り上げられるように「十分な練習を積んで、試験に臨みなさい！」という出題者の意図なんですね！！

国松の注目ポイント！！

①材料等は、一式となっているセット販売品を購入せよ！　器具類は使いまわしができるので、一先ず2回分の電線量のものを購入し、足りない場合は追加で電線のみ購入だ！！
②問題は試験実施団体のホームページに公表されているぞ。アクセスして、直ぐにダウンロード＆プリントアウトだ！！

No. **04** /30

自分を知ると見えてくる!?
己の身体から「尺」を読み取ろう!!

このテーマでは、スケール（ものさし・メジャー）を使わずに長さを測る方法について説明するぞ。正確な寸法で課題を作り上げるためにもスケールは必須の道具だが、試験時間内に課題を仕上げるためには「時短」も要求されるんだ。ここで教える方法は、実際の電気工事の現場で職人たちが使う方法、より実践的な内容だ！！

爆裂に読み込め!

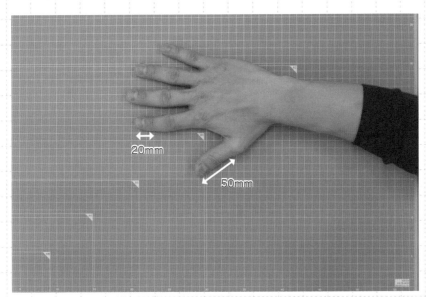

（例）人差し指の第1関節迄：20mm
　　　親指の第2関節迄：50mm

手尺

➔ 正確さ&時短を叶える方法：手尺を見極めよ!!

　第0章（導入講義）の最後は、現場でも使われる手尺について解説するぞ。

　技能試験の13課題が事前に公表されていることから、試験実施団体としては、事前に十分な練習をして試験時間内に与えられた条件で「正確な課題の作成」を行うことを求めていることが分かるはずだ。

　後述するが、技能試験の採点で欠陥（不合格）とされる項目は数多くあるが、これらをまとめると以下3つの事項を守れていないことに起因するものだといえるんだ。

【技能試験で重視される3つの能力】

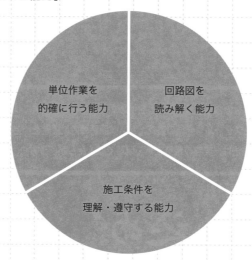

- **回路図を読み解く能力**…課題で用いられる器具類の配置や電線長などの基本となる情報を回路図中より読み解けるかの能力だ。
- **施工条件を理解・遵守する能力**…器具接続の基本ルール（接地側：白色、非接地側：黒　等）から、与えられた条件の意味を理解する能力だ。
- **単位作業を的確に行う能力**…本試験で出題される一見複雑に見える問題も、実は基本となる単位作業の組合せでできているんだ。この基本となる単位作業を的確に行う能力が最も肝と言えるぞ。

 どれも重要ですが、僕的には長さを正確に測って単位作業を行うことが一番大切な気がします！

　どれも重要だから順位付けをするのは難しいが、尺を測ることは極めて大切な事だ。正確な単位作業のためには必須だが、試験時間内（40分）という制約もあるので、毎回スケールで測りながら作業をするのはわずかながら時間のロスも発生してしまうんだ。時短のための工具類として、第0章No.02でカッターマットを紹介したのを覚えているか？

 机上に敷くやつですよね。

　カッターマットがあれば、毎回スケールを引っ張り出さずに済むので時間の節約ができそうな気がするよな。だが、電気工事の現場でカッターマットを使う人はゼロなんだ。あくまで机上で行う技能試験だからこその方法なんだ。そこで、最後は現場の職人たちが正確な尺を測るうえで使っている手尺を説明するぞ。
　何も特別なことはない、君の手のひらに答えが描いてあるんだから！！

巻頭の「外装&IV線の剥ぎ取り尺一覧表」を見ると分かるが、使用する尺はある程度共通しているんだ。例えば、こんな感じだ。

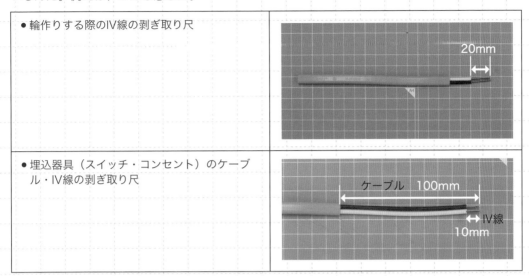

●輪作りする際のIV線の剥ぎ取り尺	20mm
●埋込器具（スイッチ・コンセント）のケーブル・IV線の剥ぎ取り尺	ケーブル　100mm　IV線　10mm

上記の尺について、君の手のひらor甲を見てそれに近しい尺となる部位を見つけておくんだ。どこでもいいぞ。人差し指の太さが20mmという人もいるだろうし、親指の第2関節までの長さが50mmという人もいるだろう。これは、世界に一つだけの花。いやいや、失礼！　世界に一つだけの、君だけの尺なんだ！！

国松の注目ポイント!!

①現場の職人が用いる手尺は世界に一つだけの君だけの尺だ！　自分の手のひら＆甲を見て、単位作業に必要な剥ぎ取り尺を自分の手に求めよ！！

凡事徹底

当たり前のことを積み重ねて、合格を勝ち取るんだ*!!*

第1章

筆記試験の復習！
複線図の描き方は
「国松式複線図絵描き歌」
で攻略せよ!!

学習の一番初めは、第2種電気工事士の筆記試験で学習した複線図の復習だ。
「見るだけで目まいがする」そういう受験生が多いが、俺のデビューシングル「苦労常々、益々努力」の一節を熱唱するだけで、驚天動地の簡単さで解くことができるぞ。さあ、今一度知識のブラッシュアップだ！！

複線図を描く上で大事な「考え方」を学ぼう！

このテーマでは、複線図を描く上で大事な考え方を学ぶぞ！　複線図は、基本の考え方を踏まえて順序をたどれば確実に描けるようになるから、一緒にレベルアップしていこう！

Step1 図解 目に焼き付けろ！

複線図の基本概念

電気くん

② 極性の有無で接続は変わる？

電球

① 電気の流れる向きは？

③ 接続はボックスの中で

電池 ＋ －

電気

図は乾電池と豆電球を接続した回路図だ。この中で、電気はどういう向きで流れているのか？　また、極性（＋or－）のある器具はどのように接続するのか？その2点を意識して、講義を読み進めていくと、きっと理解できるぞ！

Step2 解説 ▶ 爆裂に読み込め！

➡ 人生は往復のない片道切符だが、電気は違うんだ！

　人生は一度きりの片道切符だが、電気は往復切符で戻ってくるんだ。冒頭の図を見ると分かるが、電気は＋から－へと流れるので、＋から出た電気が－に戻ってくるように電線を接続する必要があるんだ。これを1本の線で表したものが、単線図というわけなんだ。

　器具の位置を理解するだけなら単線図で十分だが、実際に使用する電線の本数や接続の状態等を表したものとして、複線図があるんだ。

　単線図の一例として、電車の路線図を取り上げるぞ。路線図では1本で示されていても、実際の電車のレールは2本あったりするのに似ていないか？

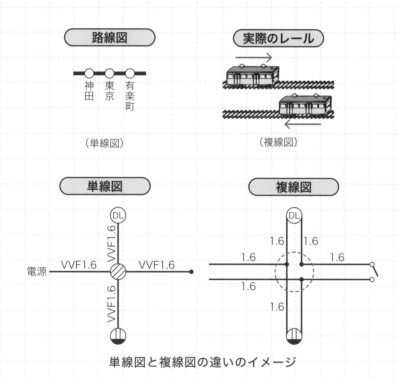

単線図と複線図の違いのイメージ

　筆記試験では、ボックス内の電線接続に関する次の内容が出題されていたな。

【複線図に関連した筆記試験の出題内容】
・使用する接続器具（差込形コネクタ、リングスリーブ）の大きさ、種類、個数の組合せ問題。
・配線に必要な電線の本数（線条数という）の組合せ問題。

→ 単線図→複線図：描くために知っておきたい3つの考え方とは?

複線図の描き起こしの基本的な考え方を紹介するぞ！

【基本の考え方　その①】
　電気は＋から−に流れる。電源から器具へ、もしくは電源からスイッチを経由して器具に流れ、最終的には電源に戻ってくるんだ！

ここでいう「器具」とは、スイッチ（点滅器）以外の部品をいうぞ。なお、電気の行く方（＋）を非接地側の黒線、帰る方（−）を接地側の白線で接続するのが原則だ！

「基本の考え方　その①」をもとに検証するぞ。スイッチが不要なコンセントへの配線は、接地（−）・非接地（＋）共に、直接配線に接続するぞ。

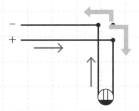

今度はスイッチを経由する器具（電球等）の場合を見ていくぞ。この場合、非接地（＋）から出た電気はスイッチへ入り、スイッチから器具に入って、接地（−）側へと戻ってくるんだ。

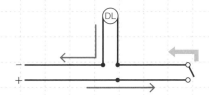

【基本の考え方　その②】
　極性のある器具は極性に注意！　スイッチは非接地側電線だ！

　技能試験では、極性のある器具（コンセント、引掛シーリングローゼット（引掛シーリング）等）の接続を指定通り行わないと一発失格になるから、極性の把握は重要だ。複線図を描き起こす場合に気を付けたいのはスイッチだ。スイッチは問答無用で非接地側（黒線）に接続するぞ。もし接地側に接続すると、電球交換時にスイッチを切って取り替えようとするとき、うっかり電極に触れると感電してしまうんだ。

【基本の考え方　その③】
　電線接続はボックス内で行うこと！　なお、電線が1本で済みそうだからといって、そのまま1本のまま（接続点無）にしないこと！

　電線の接続は、必ず**ボックス**の中で行うのだが、1本の線で接続できそうな箇所も必ず接続点が必要なんだ。右図の場合、ダウンライトからの線とスイッチからの線をそれぞれ接続するんだ。1本のIV線でOKな気がするが、NGだ！

　第2章No.15で解説するが、差込形コネクタを使って結線する場合、先端から心線（銅線）が見えるよう（赤丸）奥まで刺し込むんだ！！

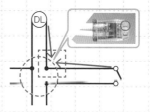

第1章　筆記試験の復習！　複線図の描き方は「国松式複線図絵描き歌」で攻略せよ!!

Step3 要点 国松の注目ポイント!!

①複線図を考えるとき、電源から［器具］へ、［スイッチ］がある場合は［スイッチ］を経由して［器具］へつなぐ。

1から順に複線図の描き方を学ぼう!

このテーマ以降、ステップアップしながら順に複線図の描き方を学習するぞ。前テーマで学習した基本の「考え方」を常に頭の中に意識して、回路図中の線を目と手で追いかけてみよう! 複線図の絵描き歌を唱えれば、必ず攻略できるぞ!

Step1 図解 ▶ 目に焼き付けろ!

(複線図の絵描き歌)

暗唱せよ!

> 塩昆布食って
> 苦労困難水に
> 負荷も水に〜♪

＼国松の熱唱は
こちら!／

アクセス方法については
xviページを見てくれ!

 いよいよ基本となる複線図の描き方だが、基本となる考え方を常に頭の中に意識して、俺のデビューシングルの一節を唱えながら解くんだ!

Step2 解説 ▶ 爆裂に読み込め！

➡ 漢国松のデビューシングルを一緒に歌おうぜ！

　俺はこの美声を活かしてやりたいことがある。そう、歌手になることだ！　メジャーデビュー曲「苦労常々、益々努力」をひっさげ、俺は紅白歌手を目指すぞ！

　とまあ、脱線はこの辺にして本題に入るぞ。前テーマで複線図を描く際の基本的な考え方を見てきたが、ここでは実際の描き方を見ていく。複線図の描き方は、俺のデビュー曲の一節を唱えることで、簡単に解くことができるぞ！

唱えろ！ゴロあわせ

■複線図の描き方～絵描き歌（「苦労常々、益々努力」）～

塩　昆　布食って苦労　困難　水に負荷も水に

| 白線 | コンセント | 負荷 | | 黒線 | コンセント | スイッチ | | 負荷 | スイッチ |

➡ 絵描き歌に沿って実際に複線図を描いてみよう！

　それでは絵描き歌の意味を説明しよう。手順を踏まえて、次の通りだ。

複線図を描く手順（接続手順）

接続手順	対応する絵描き歌の一節
①接地側電線をコンセント・器具（負荷）に接続する。	塩昆布
②非接地側電線をコンセントとスイッチに接続する。	苦労　困難　水に
③スイッチと対応する器具（負荷）を接続する。	負荷も　水に

絵描き歌を早く歌いたいだろう？　例題で複線図を描いてみるぞ！

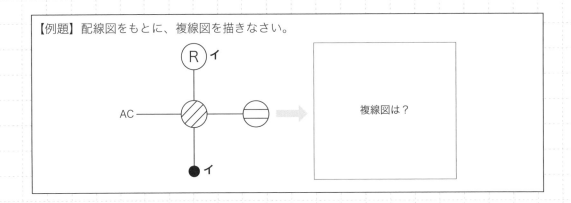

【例題】配線図をもとに、複線図を描きなさい。

複線図は？

複線図を描き出す前に、まずやるべきことは器具がいくつあるかの確認だ。

 この場合、ランプレセプタクルとコンセント、スイッチですね！

違うぞ！　前テーマで学習したが、スイッチは器具ではないので気を付けてくれよ。この場合、「ランプレセプタクル」と「コンセント」が器具だ。
次に、2つの器具を観察するとあることに気付くはずだ。

 コンセント⊖には何も記載がないですが、ランプレセプタクル Ⓡ にはスイッチと同じ記号「イ」が付いてます！

その通り。記号「イ」と記載のあるもの同士は「何か」関連があると分かるはずだ。以上をまとめると、この配線図はこうなるぞ。

・ランプレセプタクルは、スイッチ経由で電源と接続する。
・コンセントは、電源と直接接続する。

基本の考え方である電気の流れ方（＋→－）を常に意識するのだが、複線図はまとめて一気に描こうとせず、器具に記号が記載されている場合とない場合を別々に描き起こしていくことが重要だ。なお、前テーマでも別々に描き出す例を紹介したが、この例題も別々に描き出すと次のようになるぞ。

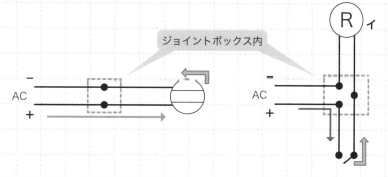

コンセントは電源と直接接続する！

ランプレセプタクルはスイッチ経由で
電源と接続する。

別々に描き起こすイメージ

基本的な考え方と一緒に、俺のデビューシングルの一節を唱えれば、100％描けるようになるからな！　では早速書き始めるぞ！

【熱烈熱唱！　絵描き歌で複線図を描く方法】

最初に……、線がない状態の器具を配線図通り配置しよう！

問題で与えられた単線図の通りに、線なしの状態で器具を配置するんだ。
ボックス内は複雑になるので、中央は広めにするか、破線囲いの○を記入して、区別できるようにしておこう。
※接地側を「○」、非接地側を「●」で　区別しておこう！　英語表記の場合もあって、N（Neutral）が接地側白線、L（Line）が非接地側黒線の接続だ！

手順1：塩昆布　接地側白線を器具に接続する

絵描き歌「塩昆布」から、接地側白線を器具（コンセント、負荷）と接続するぞ。例題では、ランプレセプタクルとコンセントが対象だ。電源からの線、コンセントからの線、ランプレセプタクルからの線、3本の線が1つになるぞ！

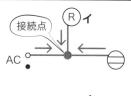

接続点

手順2：苦労困難水に　非接地側黒線をコンセントとスイッチに接続する

絵描き歌「苦労困難　水に」から、非接地側黒線をコンセントとスイッチに接続するぞ。手順1と同じ要領で、電源からの線、コンセントからの線、スイッチからの線、3本の線が1つになるぞ！

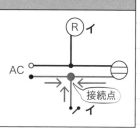

接続点

手順3：負荷も水に　スイッチと対応する負荷を接続する

絵描き歌「負荷も　水に」から、残りはスイッチと対応する負荷を接続するぞ。これまで同様、ランプレセプタクルからの線、スイッチの線、2本の線が1つになるぞ。
※スイッチに対応する負荷や記号が複数ある場合には、対応関係を間違えないように注意しよう！

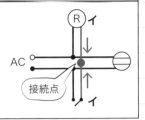

完成した複線図が、右の通りだ。
複線図絵描き歌で複線図を描くと、簡単だろ？

最後は、電気の流れを器具ごとに確認して、間違いがないか必ず確認しよう！

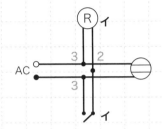

◆接続点で使用するリングスリーブと差込形コネクタは何を何個？

　このテーマの最後は、課題作成の本丸（仕上げ）ともいえる。接続に必要なリングスリーブと差込形コネクタの種類について見ていくぞ。早速例題（使用電線はすべて1.6mmのIV線）を解いてみよう。

【例題】
　リングスリーブを使う場合、使用するスリーブの大きさと個数、刻印をそれぞれ答えなさい。また、差込形コネクタの場合は何を何個使うか。

【解答】
　本問はすべての電線が1.6mmのIV線なので使用するリングスリーブは「小」だ。刻印は、2本の場合は「○」、3本は「小」だ。差込形コネクタの場合は、2口用が1個、3口用が2個になるぞ。

【正解】小スリーブ3個で、刻印「○」：1箇所、「小」：2箇所
　　　　差込形コネクタ：2口用が1個、3口用が2個

Step3 要点　国松の注目ポイント!!

・単線図から複線図を描き起こす際の手順は、次の通りである。

①器具を単線図と同じように配置し、接地側電線［白］色を負荷と［コンセント］に接続する。なお、［スイッチ］は負荷ではない。

②非接地側電線［黒］色を［コンセントとスイッチ］に接続する。

③残りの［スイッチ］とそれに対応する［負荷］を接続する。

重要度：🔥🔥🔥

「上上／下下」3路・4路スイッチの複線図を学ぼう！

このテーマでは、技能試験でも問われやすい3路スイッチと4路スイッチの複線図における接続法を学習するぞ。ポイントは同じもの同士を素直に接続することだ！　複線図絵描き歌の2番を唱えて攻略しよう！

Step1 図解 目に焼き付けろ！

3路・4路スイッチの複線図の絵描き歌

絵描き歌　2番！

同じモノ同士で
結ばれる、
上上／下下〜♪

\国松の熱唱は／
こちら！

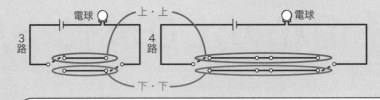

 紹介するのは「2番」だが、実際の接続では「苦労困難水に〜」のときに行うぞ!! 接続時は器具裏を必ず確認するんだ!!

Step2 解説 爆裂に読み込め！

➡ 同じもの同士は、仲良く一緒に接続するんだ！

> 「塩昆布食って　苦労困難　水に　負荷も水に～」
> （意外と格好いいな）

　俺のデビューシングルの一節を熱唱してくれて、センキュー！　好評につき、2番も作ったぞ（左ページの図解を見てくれ！）。この2番を歌えば、3路スイッチと4路スイッチの複線図上での接続法が簡単に分かってしまうんだ！

◆ **3路スイッチは2個1組なんだ！**
　2箇所でスイッチの「入／切」をするときに使われるのが、3路スイッチだ。

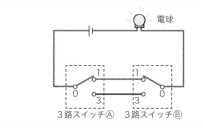	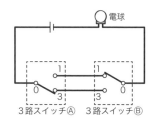
スイッチⒶⒷ共に同じ番号「1」同士で接続されているので、回路を形成し、電球が点灯するぞ。	スイッチⒶは「3」、スイッチⒷは「1」と異なる番号が接続されていて回路形成されず電球は消灯するぞ。

3路スイッチのしくみ

> 1つの照明器具を2箇所で別々に入／切できるのが、3路スイッチなんですね。

　仕組みについては大丈夫のようだな。では複線図の描き方を見ていくぞ。

【例題】配線図をもとに、複線図を描きなさい。

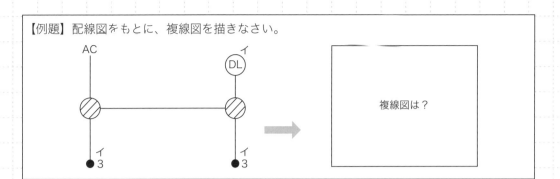

複線図は？

【解答】

| 準備：線がない状態の器具を配線図通り配置しよう！ |

問題で与えられた単線図の通りに、線なしの状態で器具を配置するんだ。
ボックス内は複雑になるので、中央は広めにするか、破線囲いの◯を記入
して、区別できるようにしておこう。
※電源の接地側を「◯」、非接地側を「●」で区別しておこう！ 英語表記
　の場合もあって、N（Neutral）が接地側白線、L（Line）が非接地側黒
　線の接続だ！

| 手順1：塩昆布　　接地側白線を器具に接続する |

絵描き歌「塩昆布」から、接地側白線を器具に接続するぞ。例題では、ダ
ウンライトが対象だ。電源からの線、ダウンライトからの線と（VVF用）
ジョイントボックスの間に設置する渡り線をそれぞれ接続するんだ。（2本
の線が1つになるぞ）

| 手順2：苦労困難水に　非接地側黒線をコンセントとスイッチに接続する |

絵描き歌「苦労困難　水に」から、非接地側黒線とスイッチを接続するぞ。
3路スイッチのどちらを接続するかは問題文中で指定されている。今回は電
源に近い方で接続するぞ。電源からの線、3路スイッチからの線、2本の線
が1つになる！

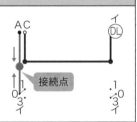

| 手順3：上・上／下・下　同じ番号同士の回路を接続するんだ！ |

ここが、3路スイッチ独特の内容だ！　絵描き歌の2番「上上／下下」から、
2個ある3路スイッチの「1-1」と「3-3」で同じ番号を接続するぞ。各ス
イッチの線から1本、渡り線が1本、計2本の線が1つになるぞ。

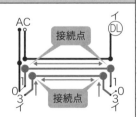

手順4：負荷も水に　スイッチと対応する負荷を接続する

絵描き歌「負荷も　水に」から、残りはスイッチと対応する負荷を接続するぞ。2つある3路スイッチのうち、電源と接続していない方の「0」からの線とダウンライトの線、2本の線が1つになるぞ。

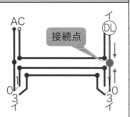

接続点

3路スイッチの場合は、「上上／下下」と1手間加わるんですね！

◆**4路スイッチは3路スイッチでサンドイッチ!?**

　3箇所以上で電灯器具を「入／切」する際に、2つの3路スイッチの間に挟み込んで使うのが、4路スイッチだ。解き方は、基本的に3路スイッチと同じだから、早速例題を解いてくれ！

【例題】配線図を元に、複線図を描きなさい。

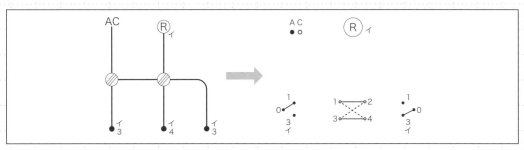

【解答】

手順1：塩昆布	
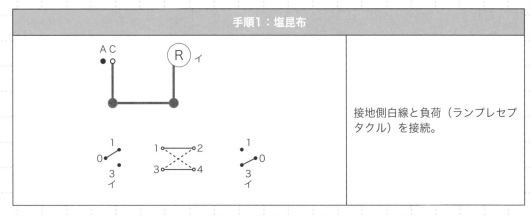	接地側白線と負荷（ランプレセプタクル）を接続。

手順2：苦労困難　水に	
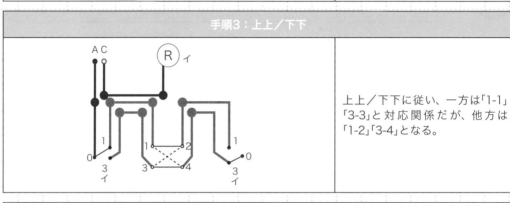	非接地側黒線とスイッチを接続。 ※3路スイッチ同様に接続スイッチは指定有。

手順3：上上／下下	
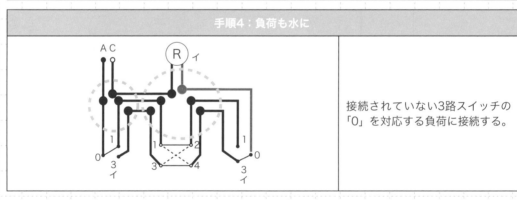	上上／下下に従い、一方は「1-1」「3-3」と対応関係だが、他方は「1-2」「3-4」となる。

手順4：負荷も水に	
	接続されていない3路スイッチの「0」を対応する負荷に接続する。

Step3 要点 ➡ 国松の注目ポイント!!

①1つの電灯器具を2箇所で「入／切」する際は、［3路］スイッチを［2］個使用する。なお、3路スイッチの内部回路は［同じ番号同士］を接続する。

②1つの電灯器具を3箇所で「入・切」する際は［3路］スイッチ［2］個の間に［4路］スイッチ［1］個を挟み込むように接続する。4路スイッチの一方は3路スイッチと一緒だが、他方の接続は［1-2］［3-4］となる。

No. 08 /30 「渡り線」が必要な複線図を学ぼう!

複線図の描き方についての学習もこのテーマで最後だ。最後は「渡り線」が必要となる複線図について解説するぞ。埋込連用取付枠(連用取付枠)に複数個のスイッチやコンセント、パイロットランプが取り付けられている場合に必要な考え方だ。

Step1 図解 目に焼き付けろ!

連用取付枠

スイッチとパイロットランプ — 常時点灯 / 同時点滅 / 異時点滅

スイッチ×2 又はスイッチとコンセント — 渡り線は黒色

実技試験で出題!

基本的な複線図の描き方は、これまでの学習で見てきた内容と一緒だ。気を付けるのは、スイッチとパイロットランプを取り付ける際の接続法で3パターンあることだ!それぞれに特徴があるので、これは覚えるしかないぞ!

爆裂に読み込め！

➡ 複数の器具が付いているときは渡り線（共用線）が必要！

　複線図の問題で多くの受験生が苦手意識を持っているのが、ここで学習する「渡り線」だ。技能試験でも必須の知識だから、ここでしっかりと身に付けておくと、あとで楽をできるぞ。これまで見てきた複線図は、電源線が＋から直接またはスイッチを経由して器具を通り、－へと戻ってくる一方通行の流れだった。つまり、電源からの線とつながる器具は1つだったんだ。

> 言われてみたら、そうですね。3路スイッチも4路スイッチも！

　そういうシンプルな場合もあるが、建物内の壁を見ると、連用取付枠に複数のスイッチやコンセント、パイロットランプが取り付けられているのを、君も見たことがあるんじゃないかな？このように、連用取付枠に複数の器具が取り付けられている場合は、これらの器具同士で電気を共有する線（渡り線）が必要になるんだ。

> 専門的にいうと、「連装器具同士が並列になるように片側を結ぶ配線」のことで、冒頭図の場合は、2連装になるぞ。では、以下具体的に見ていくぞ。

◆スイッチ2個またはスイッチとコンセント各1個の場合

　1つ目は2連スイッチだ。これは、スイッチ2個で電灯器具2個の「入／切」をするときに、1つのスイッチボックスに単極スイッチを2個配置したものだ。

> 基本的な考え方は、同じだ。複線図絵描き歌を熱唱してくれ！

配線図	器具を並べた状態

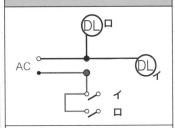

手順1：塩昆布	手順2：苦労困難　水に	手順3：負荷も　水に
接地側白線と負荷（ダウンライト）を接続。	非接地側黒線とスイッチ（手前の「イ」）を接続。 ※「ロ」へは、「イ」からの渡り線で接続。	スイッチの記号とダウンライトの記号が対応するようにそれぞれ接続。

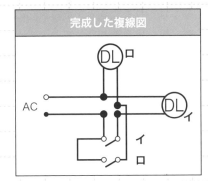

完成した複線図

 非接地側黒線からスイッチへの接続は「イ」が直接接続され、そこからの渡り線によって、「ロ」にも電気が供給される。渡り線は枝分かれの線ってことだ！

なお、コンセントとスイッチの2連装複線図も、基本は2連スイッチと同じになるぞ。以下単線図と複線図を示すから、君も自分で描き起こしてみよう！

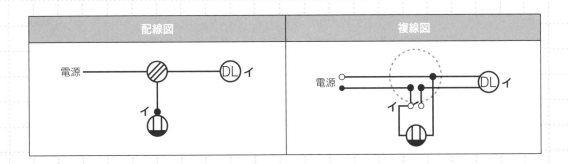

配線図	複線図

 複線図絵描き歌を熱唱して、描き起こしてみます！

第1章　筆記試験の復習！複線図の描き方は「国松式複線図絵描き歌」で攻略せよ!!

➡ 1つの単線図で、複線図が3種類もあるだと!?

　さあ、多くの受験生が最も難儀する学習内容（スイッチとパイロットランプの2連装複線図）に突入だ！

　これまで見てきた複線図の描き方は、与えられた単線図に対して「1つの」正解があったが、これから学習する単線図は条件によって正解となる複線図が3つもあるんだ。

 え、1つの単線図で3つも複線図があるんですか!?　覚えるのも大変そうだし、見極めることができるか心配です……。

　最初から弱音を吐くんじゃない！　ここで学習する内容も、基本はこれまで見てきた複線図の描き方（絵描き歌）と電気の回路内での流れ方を意識すれば、確実に解けるようになるぞ！　俺の熱烈講義を聞いて、安心を手に入れてくれ！

```
        ┌──────┐
        │ （ ）│イ
        └──────┘
           │
AC ────────◍──────  ・常時点灯
           │        ・同時点滅
           │        ・異時点滅
           ○ イ
           ● イ
```

基本となる単線図

◆暗い場所を「常に」明るく！　常時点灯だ！

　苦しいときや辛いときこそ弱音を吐かずに明るく振る舞うことが、デキる大人の作法なのは当然だよな。仕事において、人が常時いない倉庫の中や暗室の中は、作業時に電気をつけると思うが、このとき、中が暗くてスイッチの場所が分からないと困りはしないだろうか？　そんなときに、スイッチの場所を煌々と照らして教えてくれるのが、常時点灯回路だ。

常時点灯回路の特徴と複線図

特徴	複線図
・非接地側黒線から出た電気は、パイロットランプを経由して接地側白線に戻ってくるので、スイッチの「入／切」に関係なく、回路を形成し、常時点灯している。 ・電源とパイロットランプを並列に接続している。	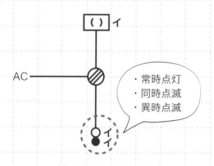

◆ **節電の味方！　それが、同時点滅だ！**

地球が泣いているぞ！　使えるものを捨てたり、有効利用しないなんて！
こまめな節電と省エネを意識して、地球環境にも人にも優しくしような！

> 地球と人、そして財布（¥）にも優しい電気工事士を目指します！

それが一番だ！　では、トイレ内にある換気扇を想像しよう。臭いがこもらないように必要なものだが、トイレの中に入らないと換気扇の電源がオンかオフかが分からないのは、不便だと思わないか？　そんなときに、電源がオンで点灯し、オフで消灯するのが、同時点滅回路だ。

同時点滅回路の特徴と複線図

特徴	複線図
・非接地側黒線から出た電気は、スイッチを経由してパイロットランプに入り、接地側白線に戻ってくるので、スイッチの「入／切」に連動して回路を形成し、同時に点滅する。 ・負荷（引掛シーリング）とパイロットランプを並列に接続している。	( )イ AC PL イ パイロットランプ スイッチ

◆ **照明とスイッチのON／OFFが逆！　それが、異時点滅だ！**

右といったのに左、あーいえばこういう、などなど……。俺の気になるあの娘は、反抗的で、どうにも素直じゃないんだ……（遠くを見る……）。

ゴホン、本題に戻るぞ。常時点灯は文字通り「常に」パイロットランプが点灯していて、暗い部屋の中でスイッチの場所を探すのに役立つが、明るくなった部屋の中で「常に」スイッチの場所を照らす必要はないと思わないか？

> 確かに、環境にも、僕のお財布にも優しくないです！

そこで、暗い場所でスイッチの場所を知らせるために点灯していたものが、スイッチONになると消灯（OFF）するのが、異時点滅回路だ。

スイッチとパイロットランプの「入／切」が「逆」だから、「異時」なんだ！

異時点滅回路の特徴と複線図

特徴	複線図
・常時点灯と同じで、非接地側黒線から出た電気は、パイロットランプを経由してグルっと回り、接地側白線に戻ってくるので、スイッチ「切」の状態で点灯する。 ・スイッチを入れると、引掛シーリングに電源電圧が加わり点灯。パイロットランプは消灯する。 ・スイッチとパイロットランプを並列接続している。	

 パイロットランプが何と並列接続するのかがポイントですね！　電気の流れ方を意識して、3つの違いを「理解」します！

Step3 要点

国松の注目ポイント!!

①連用取付枠に複数の器具が取り付けられている場合、これらに電気を供給するため［渡り線］を用いる。

②パイロットランプとスイッチの連装回路で、常時点灯の場合は［電源］、同時点滅の場合は［負荷］をパイロットランプと［並列］に接続する。

第 2 章

基本となる
単位作業「7種類」を
極めよう!!

技能試験本番（当日）の流れと電気の基礎が理解できたら、次に技能試験で課題を作成する上で必要な技術を身に付けていくぞ。回路図を見ると一見複雑に見える問題も、実は基本的な単位作業の組合せでできていると分かるんだ。ここでは、基本となる単位作業7種類と欠陥となり易い注意すべき作業を学習するぞ。
0章で触れた工具を使って、課題を作り上げるわけだ。手を動かして実際に作業をする。最初は不慣れな人も、繰り返し練習すれば、必ずできるようになるぞ! 習うのも大事だが、慣れが重要だ!

重要度： 🔥🔥🔥

動画はこちら！

単位作業の1つ目は、基本となるケーブル・電線の剥ぎ取りだ。電線の種別（平形か丸形か）によって使用する工具（①ナイフ、②ワイヤーストリッパ）が分かれるが、君がやり易い方法で作業してくれればOKだ。力の加減や剥ぎ取る作業については、「コツ」をつかむまでは少し難しいかもしれないが、繰り返し練習して慣れるようにすれば、必ず攻略できるぞ！！

Step1 図解 目に焼き付けろ！

ケーブル・電線の種別毎　剥ぎ取りに使用する工具　一覧

	外装被覆	絶縁被覆
絶縁電線（IV1.6/2.0）		ナ・ワ
平形ケーブル（VVF1.6/2.0、EM-EEF1.6/2.0）	ナ・ワ	ナ・ワ
丸型ケーブル（VVR1.6/2.0）	ナ	ナ・ワ

※ナイフ：ナ、ワイヤーストリッパ：ワ

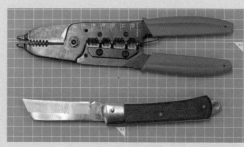

図を見ると、ナイフがあれば全ての作業ができると分かるな！　ナイフの取扱いは、電気工事士として必須のスキルと言えるぞ。なお、時短を考えるとワイヤーストリッパの方に分があるかもしれないな。君にとってやりやすい方法を理解して使い分けてくれよ！！

Step2 解説 ▶ 爆裂に読み込め！

➡ 使用する工具でも、寸法を測ることができるんだ!!

　第0章（導入講義）No.02で作業時間の短縮が可能になる工具類について触れたのを覚えているかな？　電線加工の時間を短縮するワイヤーストリッパのほか、プレート外しキーやカッターマットについて紹介したよな。

 カッターマットはスケールを使わなくても、作業机に敷くだけで寸法を測れるので楽ですよね！

　このほか、第0章No.04では手尺という自分の身体を使い長さを測定することを講義したな。
　ここではさらに話を進めて、このテーマで学習するケーブル・電線の剥ぎ取り作業に使う工具類でも尺を測れることを紹介しておくぞ。

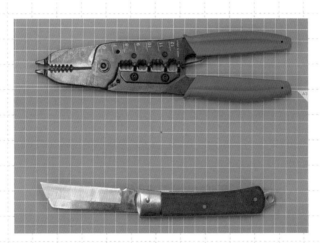

ワイヤーストリッパ（上）とナイフ（下）

 ケーブル・電線の剥ぎ取り作業に使う工具類でも長さを測れるんですね！！

第2章　基本となる単位作業「7種類」を極めよう!!

ケーブル(平形：VVF,EM-EEF、丸形：VVR)の外装・絶縁被覆の剥ぎ取り作業を学ぼう!!

　それでは早速本題に入っていくぞ。技能試験で最も剥ぎ取り作業が必要になるのが、平形ケーブル（平形：Flatの「F」）だ。なお、ここではVVF2.0-2CとVVF1.6-3Cを元に剥ぎ取り作業の方法を解説するぞ。なお、丸型ケーブル（丸：Roundの「R」）はナイフを使うことがマストになるぞ！！

　EM-EEFの剥ぎ取り法は、解説するVVF2.0-2Cと同じ方法だ！！なお、EM-EEFが出題されるのは候補問題No.01のみだ。

◆刃溝の1mmが鍵！　電工ナイフを使った、外装・絶縁被覆の剥ぎ取り作業を学べ！！

　それでは最初に電工ナイフを使った剥ぎ取り作業について説明するぞ。電工ナイフは刃が両刃になっているので、家庭の包丁同様押し引きをすると切れるナイフだ。よって、押し当てているだけでは切れることは無いが、力の加減を誤ってナイフを押し引きすると、指を切ってしまうことがあるぞ。そのようなことが無いように、細心の注意を払いながら作業をしてくれよ！！

①VVFケーブルの外装の剥ぎ取り作業

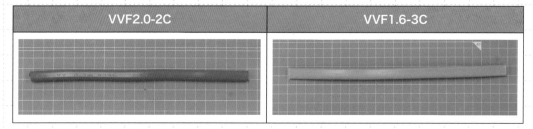

VVF2.0-2C	VVF1.6-3C

1mmはナイフの
刃溝の幅と一緒だ！

(1)
- ケーブル外装に1mm程度切り込みを入れる。
  ⇒外装の表裏両方に！

ケーブル外装に
切り込み（表裏）

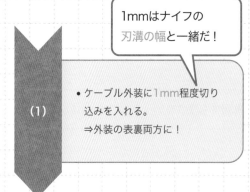

（2）
- ケーブルを真っ直ぐに整え、断面のIV線の間にナイフを入れて（1）の切り込み部分まで割く【縦割り】。

ケーブルを縦割りする様子

（3）
- ナイフを（1）の切り込みまで入れたら、手で外装を引きちぎるように剥ぎ取る。

外装を手で剥ぎ取る様子及び完成形

ケーブルが2心のときはIV線（白・黒）の中央、3心のときは黒・白の間か白・赤の間のどちらかにナイフを入れて縦割りするんだ！　この時、ケーブルが真っ直ぐになっていないと、縦割りした際に中のIV線の絶縁被覆を剥ぎ取ってしまったり傷を付けてしまうことになり、欠陥となるから要注意だ！！

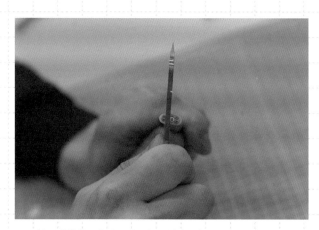

※IV線の縦割り（3心の場合の断面図）

②VVRケーブルの外装の剝ぎ取り作業

先に触れたVVFの形状がフラット（平ら）であるのに対して、ラウンド（丸い）ものがVVRケーブルだ。この作業は電工ナイフの使用が必須なので、必ずマスターするんだ！

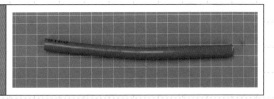

VVR2.0-2C

ケーブルの加工をしていると、IV線の長さが途中で変わってくるという悩みを持つ受験生が実は多いんだ。というのも、外装の中に電線が入っているだけで固定されていないので、ケーブルを右左にと曲げているうちに中にある電線の位置がずれてしまうんだ。特に短いケーブルで顕著に起こり易いので、これを防ぐ方法として、作業する際にはケーブルの端（作業する側と反対）を図のように折り曲げて作業すると、中のIV線の尺がズレることがないぞ。

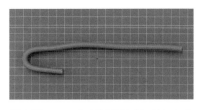
端を折って、中のIV線がずれることを防ぐ

作業完了後は、折り曲げたケーブルを元に戻すことを忘れないようにね！！

（1）
- 剝ぎ取る尺を測り、当該箇所を軸に折り曲げる。

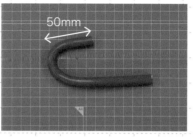

尺測って折り曲げる図
採寸の所⇒折り曲げの所（長さ50mm）

（2）
- （1）で曲げた頂点部分に1mm程度切り込みを入れる。

ナイフの刃溝幅と一緒！

切り込みを入れる

（3）
- （1）と逆方向に折り曲げ、（2）と同じように1mm程度切り込みを入れる。

逆に折り曲げ、切り込みを入れる

（4）
- 外装をひねりまわしながら引っ張ると、外装が外れて介在物が見えるようになる。

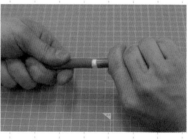

ひねりながら引っ張る
⇒外装が外れて介在物が見える

（5）
- 介在物をペンチで根元から切断する。電線がより合っている（ツイスト）ので、まっすぐに直す。

介在物を根元からすべて切る

平形ケーブルよりも、丸型ケーブルの方が作業工程が多いんですね！

 外装を剥ぎ取る際の尺は、共に1mmで同じだが、少し方法が異なる点に気を付けよう！ なお、丸型ケーブルの介在物はできるだけ根元から切断して欲しいが、剥ぎ取り面から少しくらい出ていても問題は無いぞ！

③IV線の絶縁被覆の剥ぎ取り作業

　平形でも丸型でも、外装を剥ぎ取れば中に入っているのは同じIV線だ。剥ぎ取り方法は共に同じで、以下の通り作業を行うぞ。

(1) ● 電工ナイフの刃を自分に向け、親指でIV線を挟み、刃を被覆に食い込ませる（1mm程度）。

ナイフと親指でIV線を挟む

(2) ● 刃上のIV線を親指で押しながら、IV線に1周切り込みを入れる。
※切り込みが1周分確実に入っていることがポイント！

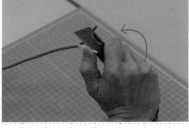

IV線を刃の上で、親指を使って1周転がす

(3) ● 電線を持っている方の親指でナイフの腹部分を押すと絶縁被覆が抜き取れる。

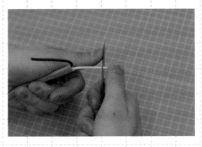

電線を持つ手の親指でナイフの腹を押す。絶縁被覆が抜き取れる

IV線の絶縁被覆剥ぎ取りは、最初は力の加減であったり、（3）の剥ぎ取りが難しく感じるかもしれないので、何度かやってみて難しいと感じたら、後述するワイヤーストリッパでの作業に専念しても問題無いぞ！　なお、刃上でIV線を転がす時に親指を切らないように、細心の注意を払いながら作業に専念してくれよ！！

◆間違いに要注意！　ワイヤーストリッパを使った外装・絶縁被覆の剥ぎ取り作業を学べ！

作業の時短に使える工具としてワイヤーストリッパを紹介したが、ワイヤーストリッパはこれ1本でケーブルの外装からIV線の絶縁被覆まで全ての剥ぎ取り作業を行うことができるぞ。下の写真は、ワイヤーストリッパの拡大写真だ。

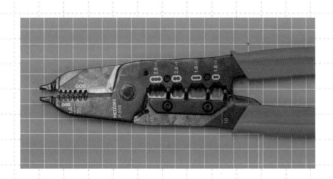

写真に記載の通り、柄に近い部分のくぼみでケーブルの外装を剥ぎ取り、刃先のくぼみでIV線の絶縁被覆を剥ぎ取るんだ。とても便利な工具なので、使い慣れることで相当な時間短縮になるが、気を付けることも多いんだ。

 気を付けること……気になります！！

以下にワイヤーストリッパを使う際に気を付けるべき点を列記するぞ。練習で使う中で慣れると思うが、特に意識してくれよ！！

 ・ワイヤーストリッパに印字されているケーブルやIV線の太さに対応した場所で使わないと、被覆に傷を付けたり、電線を切断してしまうといったことになるぞ。作業前にケーブル・IV線の太さを必ず確認するんだ！！
・ワイヤーストリッパを握って切り込みを入れた後は、少し握りを緩めて外装や絶縁被覆を剥ぎ取るんだ！　握ったまま剥ぎ取ろうとすると、絶縁被覆や中のIV線まで傷つけてしまう恐れがあるので、力の加減に気を付けるんだ！！

作業前に対象となるケーブルとIV線の太さを確認して、力の加減については練習する中でコツを会得できるように特訓ですね！

その通りだ。では、VVF1.6-2Cを例に剥ぎ取り作業の方法を見ていくぞ！

①平形ケーブルの外装の剥ぎ取り作業

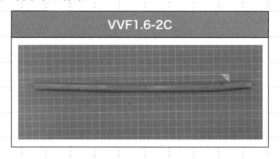
VVF1.6-2C

| （1） | ・ケーブル外装の剥ぎ取り位置を決める。工具のスケール等を使用。 |

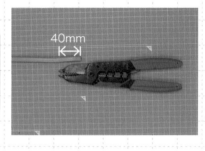

ケーブルの剥ぎ取り位置を決める

| （2） | ・心線の太さと本数が同じ位置にケーブルを挟んで切り込みを入れる。この時、握るのは「優しく」1回でOK！ |

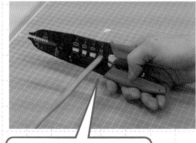

ワイヤーストリッパでケーブルに切り込みを入れる様子

ケーブルの切り込みを入れる刃の部分を見ると、少し傾いていることが分かるはずだ。優しく一握りすると、自然と刃先が少し傾くので、そのまま優しく加減をしながら握るんだ！　間違っても真っ直ぐ（垂直）に握ろうとしないでくれよ！　中のIV線の絶縁被覆を傷つけてしまうから、要注意だ！！

（3）
- ワイヤーストリッパの握りを少し緩めて工具とケーブルが直角になるようにする。
- ケーブルを持っている方の親指でストリッパの腹を押して被覆をずらす。

ストリッパの腹を押してケーブル外装をずらす

（4）
- 外装と外装の間にIV線が見えたら、外装を手で引き抜く。

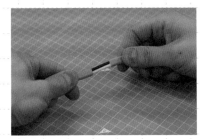

手で外装を引き抜く様子

②IV線の絶縁被覆の剝ぎ取り作業

　続いてIV線の絶縁被覆の剝ぎ取り作業を説明するぞ。先に説明したナイフによる方法は、1周切り込みを入れた後に絶縁被覆を抜き取る作業に苦手意識を持つ受験生が多いみたいなんだ。全ての電線を剝ぎ取るとなると相当な量となるので、時短かつ安全な方法として、俺はこの方法を君に勧めたいと思うぞ。では、VVF1.6-3Cを例に見ていくぞ！！

(1)

- スケールを使って絶縁被覆の剥ぎ取りたい位置を決める。
※後述する「輪作り」を想定して20mmとします。

IV線の尺取り
（20mm）

(2)

- ストリッパに記載の心線の太さと同じ位置に電線を挟んで1握りして、切り込みを入れる。

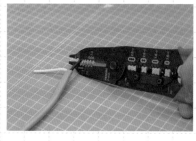

IVを挟んで切り込みを入れる
⇒傾斜が付いていることが分かるように

ケーブル外装の剥ぎ取り同様に、優しく1握りすると刃の形状に合わせて自然に傾くぞ。無理に真っ直ぐ切り込まないことと、力の加減は練習する中で身に付けてくれよ！

心線の本数が2～3本の時は、まとめて剥ぎ取りをすると楽だよ！　1本であれば、3箇所のうちどこで剥ぎ取りをしてもOKだよ！

（3）
• 刃先が開く程度に握りを緩めて、工具を電線に対して直角にする。

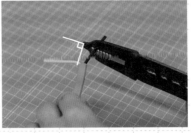

握りを緩めてストリッパ対電線を直角に

（4）
• IV線を持っている方の親指でストリッパの腹を押し、被覆を剥ぎ取る。

親指でストリッパの腹を押し被覆を剥ぎ取る

ナイフ以上にワイヤーストリッパは力の加減が難しそうですね。練習してコツを会得するべく、「習うと共に、慣れろ！」の精神ですね！！

最初は苦手に思うかもしれないが、訓練で必ず上達できるようになるぞ！！　ストリッパによっては、柄にクッション性のワイヤーが取り付けられているものがあり、1握りして切り込みを入れたら、手を放すと丁度良い感じに緩む物もあるんだ。工具選びの参考にしてくれよ！！

クッション材

ワイヤーストリッパの柄の部分のクッション材

Step3 要点 国松の注目ポイント!!

①VVRケーブルの外装剥ぎ取りのみ、ナイフで作業をするんだ！　それ以外（平形ケーブル、IV線）については、ナイフ・ワイヤーストリッパのどちらでも作業OKだ！

②ナイフを使う場合の切り込み幅は、刃溝の1mmを目安に行うんだ！　手を切らないように、作業は細心の注意を払ってくれよ！

③ワイヤーストリッパを使う場合は、心線の太さと本数を間違えないように！　切り込みを入れると刃の形状に合わせて傾くが、優しく1握りすることが重要！　力加減に注意せよ！！

10 /30

単位作業その2
差し込みが必要な露出形
器具の接続作業を学ぼう!

動画はこちら！

単位作業の2つ目は、差し込んで接続する露出形器具3種類の作業法を見ていくぞ。引掛シーリング（角形・丸形）は差し込むだけで接続できるが、配線用遮断器（ブレーカー）と端子台については差し込んでからねじ止めする必要があるぞ。いずれについても、基本となるのは前テーマで学習したケーブル・絶縁被覆の剝ぎ取り尺を器具毎に正しく行うことなんだ。

Step1 図解 目に焼き付けろ!

剝ぎ取り尺　一覧

「極性」に注意!!

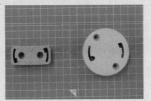

引掛シーリング（角形・丸形）

ケーブル：20mm
絶縁被覆：10mm
⇒裏面の「W」又は「接地側」の記載に注意せよ！

配線用遮断器

ケーブル：40mm
絶縁被覆：10mm
⇒接続部の「L」と「N」の記載に注意せよ！

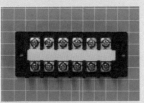

端子台

ケーブル：50mm
絶縁被覆：12mm

前テーマで学習したケーブル外装・絶縁被覆の剝ぎ取りをしたIV線を差し込むことで接続する簡易な作業がこのテーマで学習する内容だ。剝ぎ取り尺を頭に入れて、確実に作業をするんだ！　なお、欠陥となる事例を器具毎に紹介するから、作業する上での注意ポイントとして、欠陥事例のようにならない丁寧な施工をしてくれよ!!

爆裂に読み込め！

➡ 極性に注意！　その①：引掛シーリングの接続作業を学ぼう！

早速本題だ。最初は、引掛シーリング（角形・丸形）を見ていくぞ。主に和室には角形、洋室には丸形が用いられている傾向にあるぞ。なお、電線の剥ぎ取り尺＆接続作業のやり方は同じなので、ここでは角型を使って作業方法を解説していくぞ。

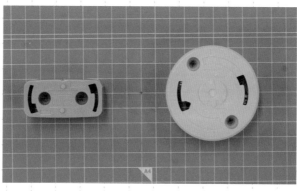

※引掛シーリング（角形・丸形）

(1)	• ケーブルの外装を20mm剥ぎ取る。 • IV線の絶縁被覆を10mm剥ぎ取る。

VVF1.6-2C
ケーブル・絶縁
被覆剥ぎ取り

剥ぎ取り尺は工具類でも測れるが、じつは引掛シーリング本体の高さが20mmになっているんだ。
　君のやり易い方法で確実に測って作業してくれよ！

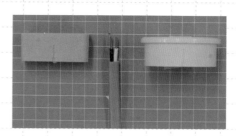

引掛シーリング（角形・丸形）の横から高さ20mmと分かる！

（2）

- 引掛シーリングの裏を見ると差し込み口があり、ここに2本同時に差し込む。
【要注意ポイント】
①器具に「W」「N」「接地側」と記載されている方へ白線を結線するぞ！
※逆にすると一発で欠陥になるから要注意！！
②心線部が見えなくなるまで、しっかり奥まで差し込むんだ！

引掛シーリングの裏に差し込んでいるところ

 「W」は「White:白」、「N」は「Neutral：中性線（白）」を表すんだよ。「接地側」と記載されている場合もあって、メーカーによって異なるから必ずチェックしようね！！

（3）

- 軽く手で引っ張って抜けないことを確認する。
- 器具を持つ親指を軸にケーブルを90度曲げる。

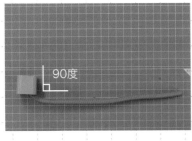

90度

折り曲げている所

 工程（3）で一応完成だが、実際の技能試験では、ケーブル長さの指定や電線の圧着接続という作業も伴うので、これらを行うことを想定した実際の作業についても右の配線図を一例に見ていくぞ。

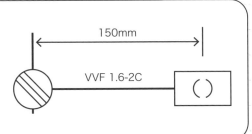

150mm

VVF 1.6-2C

（　）

(4)	・器具中央から指定寸法（150mm）を測り、ケーブルを折り曲げる。

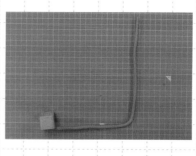

配線図と同じ150mm測ってケーブルを折り曲げる様子

(5)	・（4）で折り曲げたところから100mmの長さを測り、ケーブルを切断する。

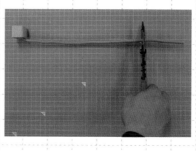

（4）から100mmを測って切断する様子

(6)	・形を「L」字になるように整えたら、完成！！

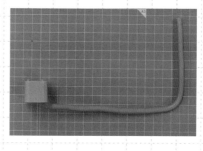

形を整えてL字にしている様子

配線図に（VVF用）ジョイントボックスと引掛シーリング間の寸法が150mmと記載があるのでその寸法は分かりますが、配線図にない100mmを測って切断するのは何でですか？

いい質問だな！　この100mmは、（VVF用）ジョイントボックス内で電線を接続する際に使用する長さとして切り出しているんだ。今後電線が（VVF用）ジョイントボックス内に入る箇所については、接続用として、全て100mmの長さで切断するので、覚えておくように！！

器具の接続作業が完成したら、正しく作業できているかチェックをするぞ。以下は技能試験で欠陥（一発不合格！）と判断される悪い例だ。君の作業が、列記するもので無い事を入念に確認してくれよ！！

NO！　欠陥！！【引掛シーリングの欠陥事例】

①心線の差込み場所（極性）が誤っているもの
　⇒接地側の白線は大地と同電位だから触れても感電しないが、黒線は触れると感電するから！！

> 「W」もしくは「接地側」の記載がある側に黒線を差し込んでいる

心線の差込み場所（極性）が逆

②心線（銅線）が差込み口から露出（見えている）しているもの
　⇒1mmでも露出はNGだ。埃等がここに付着したら、埃を可燃物としてトラッキング（燃える）現象が発生して火災になってしまうから！！

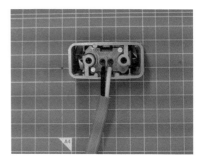

差込み口から銅線が一部露出

③ケーブル外装の剥ぎ取り過ぎでIV線が5mm以上露出しているもの
　⇒IV線の露出は、何かの拍子に線に傷が入ると電線が露出して漏電火災の原因になるから！！

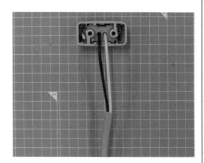

ケーブル外装の剥ぎ取り過ぎ

第2章　基本となる単位作業「7種類」を極めよう！！

> 欠陥というのは、長く使用する電気機器を安全に使用するために守らなければならないルールを守っていないからなんですね！　まさに、「全ての物には理由がある」ですね！！

> その通りだ。細かいかもしれないが、必ず尺を測って丁寧に施工することが、面倒なようでいて、実は一番手堅くて確実な作業といえるんだ。なお、引掛シーリングの接続作業をやり直すときには、はずし穴にプレート外しキーかマイナスドライバを差し込んでケーブルを引き抜けば外れるぞ。

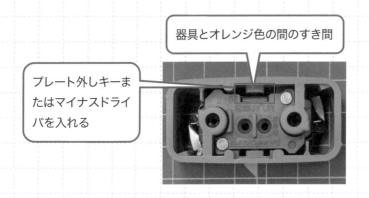

器具とオレンジ色の間のすき間

プレート外しキーまたはマイナスドライバを入れる

引掛シーリングの裏

➡ 極性に注意!　その②：配線用遮断器（ブレーカー）の接続作業を学ぼう!

　次に配線用遮断器（ブレーカー）の接続作業法を見ていくぞ。この後学習する端子台と基本的な作業手順は同じだが、ブレーカーには「極性」があるので、必ずブレーカー本体の極性を確認してから接続作業を行うんだ！！

事前に片方のねじ2つを緩める！

極性を確認！「N」が接地側！

配線用遮断器（ブレーカー）

(1)
- ケーブルの外装を40mm剥ぎ取る。
- IV線の絶縁被覆を10mm剥ぎ取る。

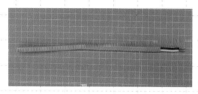

VVF1.6-2C
ケーブル・絶縁
被覆剥ぎ取り

(2)
- 剥ぎ取ったら、電線の形をY字に整える。
⇒配線用遮断器に電線を差し込み易くするためだ！

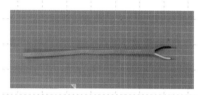

Y字（さすまた状）に整形

1〜2mm程度電線が見える状態とする！

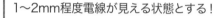

(3)
- 配線用遮断器本体に記載の極性を確認し、「N」の記載がある側に白線を差し込む。

「L」と「N」が
分かる状態で差
し込む

(4)
- ケーブルの心線を差し込み口に押し当てた状態で、ねじを締め付ける。
力の入れ過ぎによる器具破損に要注意だ！！

作業台に置い
て、上からプラ
スドライバで締
め付ける

(5)
- 2カ所ねじ止めをしたら、ケーブルを軽く引っ張り抜けないことを確認する。

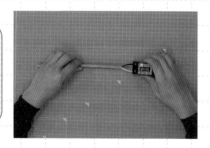

第2章　基本となる単位作業「7種類」を極めよう！！

これで配線用遮断器の施工は完了だね！　技能試験で作品を仕上げる場合は、問題文中の配線図面上の指示された長さにそろえて、これをジョイントボックス内で接続する場合には、接続部分は100mmの長さに切断するのは、先に見た引掛シーリングと同じだよ。

器具の接続作業が完成したら、正しく作業できているかチェックをするぞ。以下は技能試験で欠陥（一発不合格！）と判断される悪い例だ。君の作業が、列記するもので無い事を入念に確認してくれよ！！

NO！　欠陥！！【配線用遮断器の欠陥事例】
①心線の差込み場所（極性）が誤っているもの
　⇒接地側の白線は大地と同電位だから触れても感電しないが、黒線は触れると感電するから！！

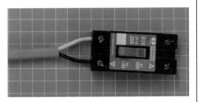

心線の差込み場所（極性）が逆

②心線（銅線）が差込み口から5mm以上露出（見えている）しているもの
　⇒1〜2mmであれば許容範囲内だ。斜めからのぞき込んで少し心線が見える程度はOKだが、5mm以上だと、埃の付着によるトラッキング（燃える）現象が発生して火災になってしまうから！！

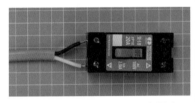

差込み口から銅線が5mm以上露出

③ねじの締め忘れや絶縁被覆の噛み込み
　⇒締め忘れは電線が外れることによる漏電火災、絶縁被覆の噛み込みは接触抵抗が大きくなることで、該当部位の発熱量増加に伴う発熱・発火の危険性が増大するから！！

噛み込み　　締め忘れ

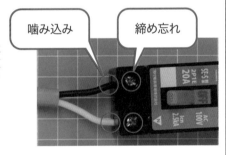

---

③の絶縁被覆の噛み込みによる原理を説明すると、熱量の公式は以下の通り変換できるぞ。
$Q=Pt=VIt=I^2Rt$　つまり、発熱量は抵抗値に比例するので、絶縁被覆の噛み込みによる接触抵抗の増加は、そのまま発熱量の増加となり、長年の蓄積によって熱エネルギーの累積が火災等の重大事故につながるというわけだ！

「全ての物には理由がある！」再度になりますが、欠陥作業の内容が何故NGなのかを理解して、単位作業を丁寧に取り組みたいと思います！！

代替で使用される機器！　端子台（フロック端子）の接続作業を学ぼう！

　端子台は、技能試験の課題中のリモコンリレーやタイムスイッチの代替品として出題されているぞ。接続法は配線用遮断器と同じだ。極性については、問題文中の施工条件に指示があるので、それに従って作業をすればOKだ！！

施工条件（シール銘板）を確認！

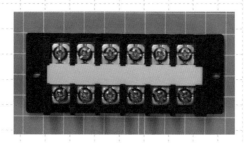

端子台

事前に使用箇所のねじを緩める！

第2章　基本となる単位作業「7種類」を極めよう！！

(1)
- ケーブルの外装を50mm剥ぎ取る。
- IV線の絶縁被覆を12mm剥ぎ取る。

VVF1.6-3C
ケーブル・絶縁
被覆剥ぎ取り

(2)
- 剥ぎ取ったら、電線の形を端子台に差し込みやすいように少し開いた状態に整形する。

末広がり状に整形する

(3)
- ケーブルの心線をそれぞれの端子金具の間に差し込み＆押し当てた状態でねじを締め付ける。力の入れ過ぎによる器具破損に要注意だ！！

IV線を差し込み＆ねじ止めする様子

(4)
- ねじ止めをしたら、ケーブルを軽く引っ張り、抜けないことを確認する。

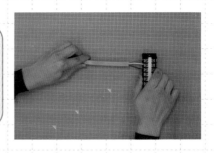

　これまで見てきた引掛シーリングや配線用遮断器同様、問題文中の配線図面上の指示された長さにそろえて、これをジョイントボックス内で接続する場合には、接続部分は100mmの長さに切断すれば完成だ。なお、端子台への接続で欠陥とはならない事例で間違えやすい事例を以下2つ紹介するぞ。この2つについては、欠陥ではないので、こうなっても問題ないぞ！！

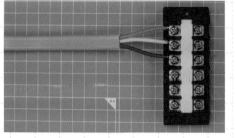

上からのぞいて1～2mmの銅線露出は許容範囲内

心線の差し込みは右・左どちらでもOK

端子台

1つの端子に2本電線を差し込む場合は、ねじの左右にそれぞれ1本となるよ。

器具の接続作業が完成したら、正しく作業できているかチェックをするぞ。以下は技能試験で欠陥（一発不合格！）と判断される悪い例だ。君の作業が、列記するもので無い事を入念に確認してくれよ！！

NO！　欠陥！！　【端子台の欠陥事例】

①ねじの締め忘れ
　⇒締め忘れは電線が脱落することによる漏電火災の危険性がある。

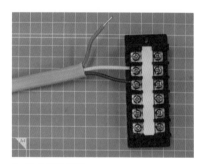

ねじの締め忘れ

②心線（銅線）が差込み口から5mm以上露出（見えている）しているもの
　⇒1～2mmであれば許容範囲内だ。上からのぞき込んで少し心線が見える程度はOKだが、5mm以上だと、埃の付着によるトラッキング（燃える）現象が発生して火災になってしまうから！！

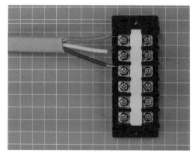

差込み口から銅線が5mm以上露出

③座金が絶縁被覆を噛み込んでいる
　⇒絶縁被覆の噛み込みは接触抵抗が大きくなることで、
　　該当部位の発熱量増加に伴う発熱・発火の危険性が
　　増大するから！！

絶縁被覆の噛み込み

Step3 要点 国松の注目ポイント!!

①剥ぎ取り尺を確実に守り、極性のある引掛シーリングと配線用遮断器は差し込み位置の
　間違いに気を付けよ！

②引掛シーリングは銅線の露出NGだが、配線用遮断器＆端子台については、1〜2mm程
　度であればOK！　この違いの混同に要注意だ！！

No. 11 /30 単位作業その3 連用取付枠（器具）への接続作業を学ぼう!

動画はこちら!

単位作業の3つ目は、連用取付枠への接続作業について見ていくぞ。連用取付枠の裏表や取付位置の誤り（接続する器具の個数によって取付位置が変わる）が欠陥事例として多い作業になるので、その辺に注意すると共に、極性の有無（コンセント等）も器具によって異なるので、注意して作業に取り組んでくれ!

Step1 図解 目に焼き付けろ!

埋込連用取付枠

要注意!! ➤ 器具の数による取付位置の違いについて

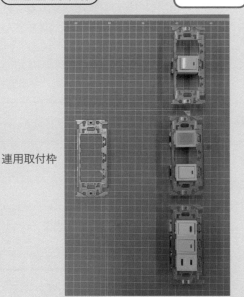

連用取付枠

器具1個

器具2個

器具3個

取り付け器具の分類

①極性or番号のある器具：コンセント、3路／4路スイッチ

②極性のない器具：①以外（埋込連用タンブラスイッチ（片切スイッチ）、位置表示灯内蔵スイッチ（ホタルスイッチ）、パイロットランプ、接地端子）

連用取付枠の向き（上下・表裏）と埋込器具の取付数による取付位置の違いについてのミスが多く見られる所だ。埋込器具については、②極性のない器具は特に制限はないものの、①極性or番号のある器具は、施工条件に従って単位作業を行わないと欠陥（一発不合格）扱いとなるので、特に注意をして作業に取り掛かってくれよ!!

爆裂に読み込め!

➡ 向きに注意! 埋込連用取付枠へ器具を取り付ける方法を学ぼう!!

　パッと見ではイメージが湧きづらい埋込連用取付枠は、普段は建物内の壁面にスイッチやコンセントとして取り付けられているぞ。右の写真のように、壁の中にスイッチボックス（アウトレットボックスの場合もある）が入っていて、これにねじ止めしてその上からプレートを被せた状態で取り付けられているんだ。

　技能試験では、埋込連用取付枠への器具の取り付けと電線の接続作業のみ行うんだ。

建物内壁面の埋込器具

 なお、試験で複数個所の埋込器具があるのに、連用取付枠が1枚しか支給されていない場合は、施工条件に従って該当箇所のみ埋込連用取付枠に器具を設置するんだ。

 条件によっては、埋込器具を裸の状態で電線を接続する箇所があるんですね!

◆連用取付枠への器具取り付け作業は向きに注意せよ!

　先ずは連用取付枠に器具を取り付ける作業手順を見ていくぞ。支給された連用取付枠を見ると分かるが、裏表・上下は連用取付枠に記載があるので、それを参考に作業を進めると間違えないぞ!

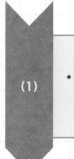

(1)
- 連用取付枠の表裏と上下を必ず確認する。

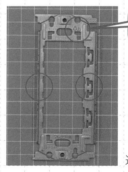

「⇧上」と記載がある

連用取付枠の上部と器具枠

文字が刻印されている側が連用取付枠の「表」、上部を見ると「上」と刻印されているので、こちらを「右上」になるよう施工するのが正しい連用取付枠の向きになるぞ。

 赤丸2カ所が、埋込連用器具を取り付ける引掛けしろの部分なんですね！

なお、埋込器具にも向きがあって、器具の定格電流・電圧の記載がある方を下にして取り付けるんだ！

片切スイッチの拡大

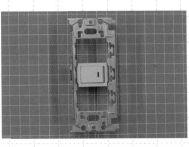

（2）
- 連用取付枠裏から埋込器具を取り付ける。
- 枠左の引掛けしろに埋込器具を引っ掛ける。

片切スイッチを連用取付枠に設置する（中央にて）

（3）
- 器具を連用取付枠の設置位置に合わせ、枠右の爪穴にマイナスドライバを差し込んで回し、固定。外れないか確認して、完成！

第2章　基本となる単位作業「7種類」を極めよう！！

マイナスドライバを差し込む爪穴は上下で2カ所だ。器具を固定する時は、上穴を時計回り、下穴を反時計回りに回すと固定できるぞ。なお、逆に回すことではずすこともできるんだ。

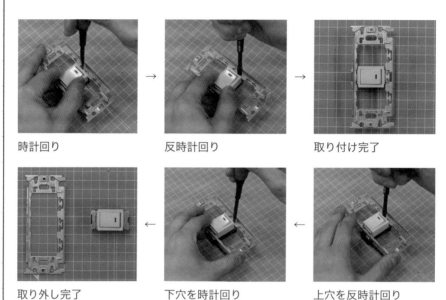

時計回り　　　　　　　　反時計回り　　　　　　　取り付け完了

取り外し完了　　　　　　下穴を時計回り　　　　　上穴を反時計回り

テーマ冒頭の図解にあるように、埋込器具の取付個数によって、取付位置が以下の様に変わるぞ。間違えると欠陥（一発不合格）なので、特に気を付けて欲しいところだ！

建物内の壁面にあるスイッチやコンセントを見て、間違えないように見慣れておきます！

【重要！！　埋込器具の取付数による取付位置の違い】
●埋込器具が1個のとき●
1口用プレートの穴が中央に1か所のため、器具の取り付けも枠中央に設置する！！

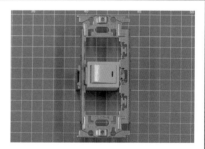

1口用の連用取付枠

●埋込器具が2個のとき●
2口用プレートの穴は中央を隔てて上下に離れているので、器具の取り付けも枠の上下に分けて設置する。

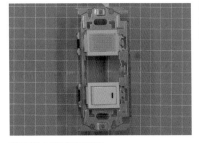
2口用の連用取付枠

●埋込器具が3個のとき●
3口用プレートの穴は縦に長い1つの穴のため、器具は回路図に示された位置関係の通りに3つ設置する。

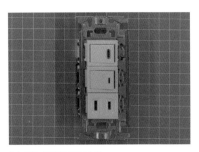
3口用の連用取付枠

第2章　基本となる単位作業「7種類」を極めよう！！

連用取付枠への埋込器具の設置作業が完成したら、正しく作業できているかチェックをするぞ。連用取付枠への設置作業で欠陥（一発不合格！）と判断される例は多くないが、気を付けて欲しいのは取付位置（①・③）の悪い例だ。君の作業が、列記するものでない事を入念に確認してくれよ！！

NO！　欠陥！！　【連用取付枠への器具の取り付けの欠陥事例】
①埋込器具の取付位置を間違えている
　⇒前ページの通り、器具取付数によって取付位置が変わるので、間違えないように！

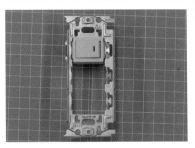
埋込器具の取付位置に誤りあり

②連用取付枠から器具が外れている又は付け忘れている
　⇒取付位置を正しい場所に合わせてから、しっかりマイナスドライバで上・下穴を回して固定するように！
　技能試験では、不要となる材料は無いため、必ず材料は使い切るぞ（電線類除く）よって、余ることが無いように作業を行ってくれ！

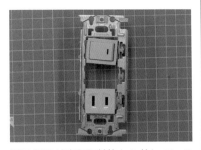
埋込器具が連用取付枠から外れている

③埋込器具を使う場所が複数に対して、連用取付枠が1枚
　支給のため、取り付ける場所を間違えている。
　⇒埋込器具を複数箇所で使用するのに対して、支給さ
　　れる連用取付枠が1枚のみの場合は問題文中の施工条
　　件を確認して、連用取付枠を使う器具はどの器具か
　　を必ず確認しよう！

　　左の場合、例えば、「埋込連用取付枠はコンセント部
　　分に使用すること」と施工条件にあれば、片切ス
　　イッチ（イ）は裸でOKになるぞ！！

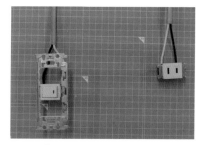

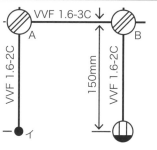

📍 埋込器具への結線作業を学ぼう!!

　埋込連用取付枠に器具を取り付けたら、今度は電線の結線作業を行うぞ。なお、埋込器具の種
類に関係なく、ケーブル外装・絶縁電線の被覆剥ぎ取り尺は以下の通り共通だ。

| 共通 | ・ケーブル外装を100mm
　剥ぎ取る。
・IV線の絶縁被覆を10mm
　剥ぎ取る。 |

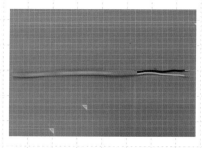

VVF1.6-2C
ケーブル・絶縁
被覆剥ぎ取り

外装・絶縁被覆を剥ぎ取ったら、あとは差し込むだけだ。しかーし、ココで注意せ
よ！　冒頭図解でも示したが、埋込器具には①極性or番号のある器具と②極性のな
い器具の2種類あって、後者は特に制約が無いが、前者には差込電線の色についての指定があるぞ。

【埋込器具別の極性の有無による結線方法の違い】
①極性or番号のある器具

コンセント　　　　　　3路スイッチ　　　　　　コンセント、3路スイッチ、4路スイッチの裏

・コンセント（左）は、「W」又は「N」の表示がある側に白（接地側）線を差し込むぞ。3路スイッチ（中）は、端子番号0に黒線を繋ぐ以外は1・3に白・赤のどちらでも可能だ。4路スイッチ（右）は、1・3端子に一方の3路スイッチ、2・4端子にもう一方の3路スイッチを接続するぞ。
⇒詳細は候補問題で触れているので、そこでチェックだ！！

②極性のない器具

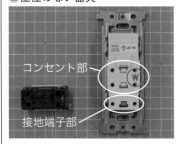

コンセント部

接地端子部

片切スイッチ・接地端子の裏側

片切スイッチ（左）と接地端子（右）のほか、パイロットランプとホタルスイッチも極性無しだ。上下の差込口は中で繋がっているので、どちらに接続してもOKだ。

接地端子部は無極性だけれど、コンセント部は極があるので気を付けよう。

以下、コンセントを想定した結線及び加工作業を見ていくぞ。

（1）
・裏面記載の極性を確認して電線を結線する。
・「W」側に白（接地側）線を接続だ！

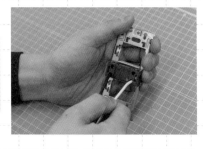

コンセント裏面に電線を結線

（2）
・IV線を半ハート形に曲げ、ケーブルとIV線の境が連用取付枠の上or下部にくるよう折り曲げる。

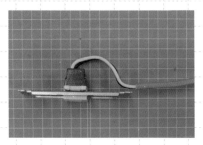

IV線を半ハート形に曲げるのは、器具交換をする際の電線の余裕を持たせておくためなんだ。この長さがギリギリのパツパツだと、器具に結線することができなくなってしまうので、狭いスイッチボックスの中でも確実に器具交換ができるようにする配慮として覚えておくんだ！

（3）
- コンセント中心から試験問題で指定されている寸法を測り、ケーブルを折り曲げる。
- 上記から100mmを測り、ケーブルを切断する。

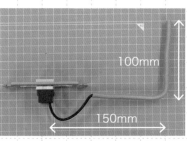

100mm
150mm

コンセント中心からケーブルまで150mm、そこから100mm立ち上げる

※ここでは、コンセント位置からケーブルを折り曲げるまでの距離は150mmとしている。

これで完成ですね！　100mm折り曲げて切断するところは、ジョイントボックス内で電線同士を接続するための長さでしたね！

その通りだ。埋込器具の接続作業が完成したら、正しく作業できているかチェックをするぞ。以下は技能試験で欠陥（一発不合格！）と判断される悪い例だ。君の作業が、列記するもので無い事を入念に確認してくれよ！！

NO！　欠陥！！　【埋込器具の欠陥事例】

①差込電線の極性誤り

②差込み口から銅線が露出

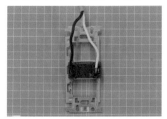

③電線が抜けている

⇒接地側の白線は大地と同電位だから触れても感電しないが、黒線は触れると感電するぞ！

⇒（②・③共に）埃の付着によるトラッキング（燃える）現象が発生して火災になる危険性！！

前テーマで見た、端子台や配線用遮断器（ブレーカー）の場合は銅線の露出が1〜2mm程度であれば許容範囲（ギリOK）だったが、埋込器具については、露出NGなんだ。厳密な作業が求められている所なので、しっかり寸法を測って確実に作業をするようにしてくれよ！！

Step3 要点 国松の注目ポイント!!

①連用取付枠の裏表・上下に気を付けよう！　埋込器具の取付数によって、取付位置が異なるので、間違えないようにしてくれよ！！

②埋込器具の結線作業は、ケーブル外装・絶縁電線の被覆剥ぎ取り尺は共通だ！　厳密な尺が求められると共に、気を付けるべきは、極性or番号のある埋込器具の結線だ。

重要度：

単位作業その4 勘違い多し!「渡り線」の意味を学ぼう!!

動画はこちら!

単位作業の4つ目は、渡り線の結線作業手順について学習するぞ。多くの受験生が苦手としている所だが、俺が提唱する「国松式複線図絵描き歌」を一緒に熱唱してくれれば、簡単に分かってしまうぞ！　電気の流れ方を意識して、俺と一緒に歌って攻略しようじゃないか！！

Step1 図解　目に焼き付けろ！

渡り線の作り方（共通）

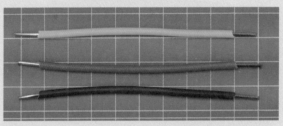

1.6mmのIV線
尺全長100mm　両端を10mm剥ぎ取り

国松式複線図絵描き歌

暗唱せよ！

塩昆布食って
苦労困難水に
負荷も水に〜♪

Step2 解説 爆裂に読み込め！

筆記試験で苦労した複線図の描き出しも、俺のデビューシングルの一節を唱えれば楽々攻略だ！　複数の埋込器具がある場合の渡り線接続も同様に攻略できるぞ！頭に叩き込むため、何度も声に出して歌ってくれよ！！

➡ コスト削減と狭い場所での作業効率UP！　「渡り線」の役割は重要なんだ!!

　連用取付枠を収めるスイッチボックスの中は、決して広いとは言えない狭い場所だ。そこに器具毎に電線を通すとなると、ケーブルの本数が増え、雑多な感じになってしまい、コスト増な上作業効率が落ちてしまうんだ。

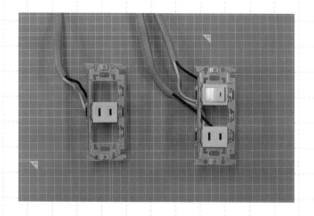

埋込器具が1つであればケーブル1本ですけど、器具が2・3個と増えるにしたがってケーブル本数が増えるのは確かに作業しづらそうです…。

そんなムダから解放される素晴らしい方法、それが「渡り線」なんだ。筆記・技能試験共に苦手な人の多いとされる所だが、俺のデビューシングルをもう一度聴きたいか！？

先輩の美声、聴かせてください！！

まあ、そう焦るな。モノには順序があるんだ。先ずは材料となる渡り線の作り方を以下で示すぞ。

準備

- IV線を100mmの長さに切り出す。
- IV線の両端の絶縁被覆を10mm剥ぎ取る。

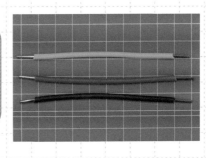

1.6mmのIV線
尺全長100mm
両端を10mm
剥ぎ取り

IV線の100mmについては、ケーブルから切り出しても良いし、全ての単位作業が終わってから、あまりのIV線から切り出してもOKだ。君が作業しやすい工具を使って、必要な渡り線を抜き取ってくれ！！

(1)

- 両端の絶縁被覆を剥ぎ取ったら、端子に差し込みやすいよう「コ」の字状に曲げておく。

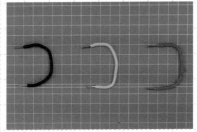

「コ」の字状に
折り曲げる

渡り線ができたら、いよいよ複数の埋込器具が取り付けられた連用取付枠への結線作業について見ていくぞ。ここでは、技能試験の課題として取り上げられることの多い、①スイッチとコンセント（2連）、②パイロットランプとスイッチとコンセント（3連）の場合における接続について見ていくぞ。

①スイッチとコンセントの2連

②パイロットランプとスイッチとコンセントの3連

　ふっ、待たせたな！　待たせすぎたかもしれないな！！　第1章で触れた俺のデビュー曲「苦労常々、益々努力」の一節を再度見てみよう！　これが攻略の鍵なんだ！！

唱えろ！ゴロあわせ

■複線図の描き方～絵描き歌（「苦労常々、益々努力」）～

塩　　昆　　布食って苦労　困難　水に負荷も水に
白線　コンセント　負荷　　　黒線　コンセント　スイッチ　　負荷　　スイッチ

　この語呂合わせを頭に入れながら（最初は見ながらでもいいぞ）、以下説明するぞ。なお、使用するケーブルはVVF1.6-3C、電線は1.6mmだ。電線の色については指定がある場合も多いが、これについては講義の内容を1つのパターンと思って見てほしいぞ。

◆スイッチとコンセントの2連の場合（①）

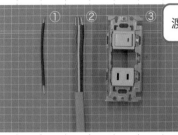

渡り線は黒1本！

①渡り線　黒
②VVF1.6-3C
③連用取付枠に
　2連器具

（2）
- これまで学習してきた方法で器具の取り付け、ケーブル外装・絶縁電線の剥ぎ取りを規定尺で行う。

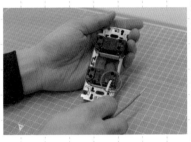

（3）
「塩（白）昆布」より、
- コンセントの「W」位置に白線を差し込む。

白線をW（赤丸）に結線する

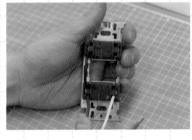

（4）
「苦労（黒）困難水に」より、
- ケーブルの黒線をコンセントに差し込む。
- コンセントとスイッチを繋ぐため渡り線を差し込む。

ケーブルの黒線をコンセントに渡り線をコンセントとスイッチに結線

（5）
- 「負荷も水に」より、残ったケーブルの赤色線をスイッチの差込口に差し込む（白線と同側）。

ケーブルの赤線をスイッチ（コンセント白線と同じ側）に結線

さあ、完成した2連装の埋込器具の結線を見てくれ！　歌を歌いながら結線作業ができるなんて、ホント驚天動地の簡単さだろう！？
もちろんこれで完了だが、間違っていないか確認するんだ。

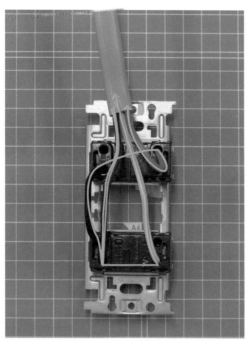

2連の完成形の裏の結線状況

第2章　基本となる単位作業「7種類」を極めよう！！

そう、電気の流れ（行って帰って）を念頭に、必ず見直しをするんだぞ！！

⟶を見ると、ケーブルの黒線を流れる電気はコンセントを経由してケーブルの白線を通って戻ってきますね！　⟶を見ると、ケーブルの黒線を流れる電気はコンセントからの渡り線でスイッチに流れ、スイッチを経由してケーブルの赤線を通って戻ってきますね！！

◆パイロットランプ（負荷）とスイッチとコンセントの3連の場合（②）

　以下は、スイッチの入／切とパイロットランプの点灯／消灯が連動した同時点滅の場合の接続について見ていくぞ。

（2）
- これまで学習してきた方法で器具の取り付け、ケーブル外装・絶縁電線の剥ぎ取りを規定尺で行う。

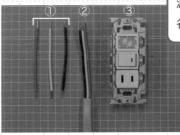

渡り線は赤白黒各1本！

①渡り線　黒白赤　各1本
②VVF1.6-3C
③連用取付枠に3連器具

（3）
- 「塩（白）昆布」より、
- コンセントの「W」位置に白線を差し込む。
- コンセントと負荷を繋ぐため、白線を渡り線として差し込む。

ケーブルからの白線をコンセントに、渡り線（白）で負荷と結線

（4）
- 「苦労（黒）困難水に」より、ケーブルの黒線をコンセントに差し込む。
- コンセントとスイッチを繋ぐため黒線を渡り線として差し込む。

ケーブルの黒線をコンセントに、コンセントとスイッチを黒の渡り線で結線

（5）
- 「負荷も水に」より、残ったケーブルの赤線をパイロットランプに差し込む。
- スイッチと対応する負荷を繋ぐため、赤線を渡り線として差し込む。

スイッチと負荷を赤の渡り線で結線
ケーブルの赤線をパイロットランプ（黒線側）に結線

さあ、完成した3連装の埋込器具の結線を見てくれ！　歌を歌いながら結線作業ができるなんて、ホント驚天動地の簡単さだろう！？
もちろんこれで完了だが、間違っていないか確認するんだ。

3連の完成形の裏の結線状況

第2章　基本となる単位作業「7種類」を極めよう！！

そう、電気の流れ（行って帰って）を念頭に、必ず見直しをするんだぞ！！

先ほどの2連の時と同じように、電気の流れを念頭に、複線図絵描き歌で見直ししておきます！！

試験では2連（スイッチとパイロットランプ）で出題されることが多く、接続の仕方で3パターンに分かれるぞ。詳細は第1章No.08で解説しているので、そこをチェックしてくれればOKだ！！

Step3 要点　国松の注目ポイント！！

①ケーブルが複数本となって煩雑になる複数の埋込器具を設置した連用取付枠への結線で用いられるのが「渡り線」だ。

②苦手に思う受験生の多いところだが、「国松式複線図絵描き歌」を唱和すれば、複雑に見える器具裏の結線も驚天動地の簡単さで攻略できる！　唱和せよ！！

No.
13
/30

単位作業その5
欠陥多し！「輪作り」が必要な
露出形器具の接続作業を学ぼう!!

重要度： 🔥🔥🔥

動画はこちら！

単位作業の5つ目は、輪作りをして接続する2種類の器具について見ていくぞ。試験では、圧倒的にランプレセプタクルから出題されるが、どちらか一方が「必ず」出題されているんだ。つまり、輪作りの作業スキルは必須のものと言えるぞ。苦手に思う受験生が多いみたいだが、規定通りの寸法を測って丁寧に練習を重ねれば、必ずできるようになるぞ！！

Step1 図解 目に焼き付けろ！

（輪作りをして接続する器具）

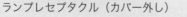

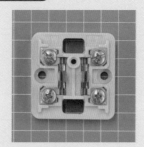

ランプレセプタクル（カバー外し）　　露出形コンセント（カバー外し）

（ケーブル外装・IV線の絶縁被覆の剥ぎ取り尺）

40〜45mm	ケーブル外装	30〜35mm
20mm	IV線の絶縁被覆	20mm

（注意すべきポイント）

・共に極性があるので、器具の「W」の箇所に白線（接地側）を結線する。
・欠陥が最も多い単位作業の1つ！　欠陥事例を見て、あてはまらないように！！

輪作りを苦手とする受験生が多いみたいなので、繰り返し練習してくれよ！なお、俺の熱烈講義では、ワイヤーストリッパを使った輪作りの手法を伝授しているぞ！！

Step2 解説 → 爆裂に読み込め！

→ 最も時間を要する単位作業「輪作り」ができれば、怖いものなし!?

単位作業の練習も後半に入ってきているが、覚えることも多いうえに細かい作業が続くと少し疲れてこないか？そういう時は気分転換をしよう！　背伸びをして深呼吸！！気持ちも新たに取り組んでほしいぞ。

はい！　リフレッシュしました！！　新しい気持ちで頑張ります！！！

では早速本題だ。多くの受験生が苦手に思っていて、1つの器具の接続に最も時間を要するのが、「輪作り」を必要とする器具の結線作業なんだ。欠陥事例も多く、確実で早い作業が求められている所なので、丁寧な作業はもちろんだが、この作業時間を短縮できれば、全体としてもかなり作業時間が短縮できて、試験に余裕が出てくるはずだ。先ずは2種類の器具別に輪作りを見ていくぞ。寸法が微妙に異なっているので、混同に要注意だぞ！

ランプレセプタクル	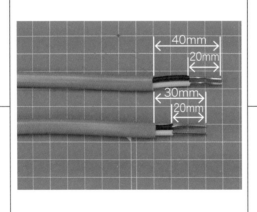	VVF1.6-2C　剥ぎ取り尺 ケーブル外装40〜45mm IV線の絶縁被覆20mm ・ケーブル外装を40mm程度剥ぎ取る。 ・IV線の絶縁被覆を20mm剥ぎ取る。
露出形コンセント		VVF1.6-2C　剥ぎ取り尺 ケーブル外装30〜35mm IV線の絶縁被覆20mm ・ケーブル外装を30mm程度剥ぎ取る。 ・IV線の絶縁被覆を20mm剥ぎ取る。

ケーブル剥ぎ取り尺が微妙に異なることに気を付けます！

準備ができたら、以下の手順で輪作りするぞ。ワイヤーストリッパの持ち手の向きと、手首の動かし方（使い方）に注目して見てくれ！！

（1）	• 絶縁被覆から2mm程度間隔を開けて、ワイヤーストリッパの先端で挟む。

溝でしっかり挟むこと！

ワイヤーストリッパの先端で絶縁被覆から2～3mm離れた場所を挟む

（2）	• ストリッパで挟んだところを支点にして、心線が直角（90度）になるよう折り曲げる。

心線を90°に折り曲げる

（3）	• 直角に折り曲げた心線の先端をワイヤーストリッパで挟む。 • ストリッパの持ち手を逆手にし、手首を逆手→順手に回し戻すように返しながら、輪作りをする。

（上）先端を挟む
（下）輪の形（動きは赤矢印）

工具を持つ手首の動かした方に注目して見ると、つぎの通りになるぞ。

ケーブル持ち手は順手
工具持つ手は逆手

工具持つ逆手を順手に戻す
（手首で輪作りを意識）

完成形の手首の位置（共に順手でケーブル持つ手から斜め45°くらい）

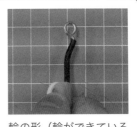

輪の形（輪ができていることを確認！！）

心線を傷付けないよう注意！！

ストリッパの先端で整形

(4)
- 次ページに記載の欠陥事例を参考に、綺麗な形に整えて完成させる。

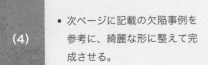

(5)
- 作成した「輪」と絶縁被覆の間の隙間が2～3mm程度になるように仕上げる。

隙間は2～3mm

完成形の輪　2つ

制作した「輪」のデキはどうだ？　完成したら、正しく作業できているかチェックするぞ。以下は技能試験で欠陥（一発不合格！）と判断される悪い例だ。君の作業が、列記するもので無い事を入念に確認してくれよ！！

NO！　欠陥！！　【「輪作り」作業の欠陥事例】
①ねじ止め時に絶縁被覆を噛み込んでいる
　⇒絶縁被覆の噛み込みは接触抵抗が大きくなることで、該当部位の発熱量増加に伴う発熱・発火の危険性が増大するから！！

配線用遮断器や端子台と同じだね！

被覆噛み込み

②左巻に取り付けている
　⇒ねじ止めは時計回しだから、この状態でねじを締めると、加工した輪が開いていってしまう！

輪が左巻に取り付け

③心線がねじ周りからはみ出している
　⇒輪作りした心線は、ねじの台座に隠れるように収めよう！　はみ出していると、該当箇所からの漏電火災が発生してしまうぞ！

心線はみ出し　2種類

④心線長さの不足or1周以上巻いている
　⇒1周ちょうどとなるように巻き付けよう！
　・4分の3以上巻きついてないと、ふとした拍子に抜けてしまい漏電火災になることも！
　・1周以上重なると、絶縁不良によって発熱し、発火する危険性がある！

心線不足＆過剰　2種類

⑤絶縁被覆から5mm以上間隔が離れている
⇒施工手順（5）で見た通り、2〜3mm程度の間隔が空いているのはOKだが、間隔の空きすぎは該当箇所に埃が付着等した場合のトラッキングの危険があるのでNGだぞ。なお、露出形コンセントも同様なので、要注意！

 近年の技能試験で、不合格者に目立つ欠陥事例が⑤なんだ。くどいようだが、必ず尺を測って、寸法通りに単位作業を行うこと！　これが合格への最短経路だということを、「常に」頭に叩き込んでくれよ！！

➡ 輪作りしたら、露出形器具2種への取付作業に取り掛かれ!!

さあ、輪作りができたらいよいよ本番！　露出形器具への取付作業を見ていくぞ。

「輪作りができたから一安心！」

そう思っていないだろうな！？　あくまで輪作りは基本中の基本のウォーミングアップだ。本題は、この技術を元に器具の取付作業を行うことだぞ。

 ゆ、油断してました……。気合入れ直して、取付作業にかかります！！

では、ランプレセプタクル→露出形コンセントの順に見ていくぞ。なお、欠陥事例は共に共通しているので、露出形コンセントの作業手順の後に解説するから確認するように！！

【ランプレセプタクルの結線手順】

準備①	• ケーブル外装・IV線の絶縁被覆の寸法を測り、規定尺通りに剥ぎ取り、輪作りを行う。	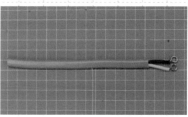 ランプレセプタクル＆規定寸法で剥ぎ取ったVVF1.6-2C（40/20mm）
準備②	• ランプレセプタクルの止めねじを外す。 • 極性を確認する。 ⇒「W」の記載がある側に白色（接地側）線を結線する！	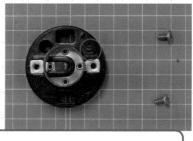 ランプレセプタクルのネジを外す
（1）	• 台座の裏からケーブルを差し込む（少し長めに）。 • ケーブルと電線の境を支点にして、90度（直角）向こう側に折り曲げる。	接地極の位置と電線の左右に気を付けろ！ 90度 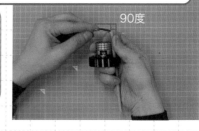 裏からケーブルを長めに差し、ケーブルと電線の境を支点に90度折り曲げる

 ランプレセプタクルの極配置に気を付けて、ケーブルを差し込もう！　白線と接地側（W）の向きをそろえることが重要だぞ。なお、ランプレセプタクルの穴（上下）については、どちらから入れてもOKだ。

 輪の向きが時計回りになるように差し込もうね！！

（2）
- IV線を左右に90度（直角）に なるようY字状に開く。
- IV線中央部を外側に少し膨ら ませて、U字状に整える。

（上）左右に90 度開く
（下）中央部を 外側に膨らませ て整形

（3）
- （2）の状態で差し込んだケー ブルを下に引っ張り、受金の ねじ位置に輪を合わせる（※ 微調整は適宜）。

ケーブルを引っ 張り、受金の位 置に輪を合わせ る

（4）
- 準備②で外したねじを使い、 輪をねじ止めする。
⇒ネジは時計回りなので、輪 も時計回りで揃えること！

輪をねじ止めす る

（5）
- ケーブル外装が台座の面位置に くるよう合わせる。
- 被覆噛み込みが無いか、心線の 露出が1 〜 2mm程度か確認す る。

完成形のランプ レセプタクル

ケーブル外装の面位置　（横から）

第2章　基本となる単位作業「7種類」を極めよう!!

093

【露出形コンセントの結線手順】

準備①

- ケーブル外装・IV線の絶縁被覆の寸法を測り、規定尺通りに剥ぎ取り、輪作りを行う。

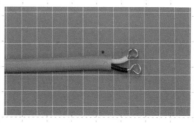

露出形コンセント＆規定寸法で剥ぎ取ったVVF1.6-2C（30/20mm）

準備②

- 露出形コンセントの止めねじを外す（向き注意！）
- 極性を確認する。
  ⇒「W」の記載がある側に白色（接地側）線を結線する！

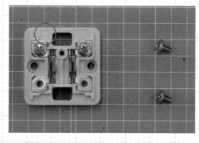

露出形コンセントのネジを外す

> 接地極の位置と電線の左右に気を付けろ！

(1)

- 台座の裏からケーブルを差し込む（少し長めに）。
- ケーブルと電線の境を支点にして、90度（直角）向こう側に折り曲げる。

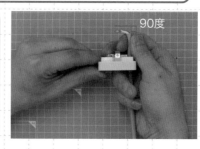

90度

裏からケーブルを長めに差し、ケーブルと電線の境を支点に90度折り曲げる

露出形コンセントもランプレセプタクル同様、極配置に気を付けて、ケーブルを差し込もう！　白線と接地側（W）の向きをそろえることが重要だね。露出形コンセントには向きがあるので、課題の配線図から、配置関係を必ず確認しておこう！　なお、輪の向きが時計回りになるように差し込もうね！！

（2）
- IV線を左右に120度になるよう`Y`字状に開く。
- IV線中央部を外側に少し膨らませて、形状を整える。

（上）左右に
120度開く
（下）中央部を
外側に膨らませ
て整形

（3）
- （2）の状態で差し込んだケーブルを下に引っ張り、受金のねじ位置に輪を合わせる（※微調整は適宜）。

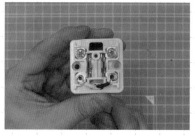

ケーブルを引っ
張り、受金の位
置に輪を合わせ
る

（4）
- 準備②で外したねじを使い、輪をねじ止めする。
⇒ネジは時計回りなので、輪も時計回りで揃えること！

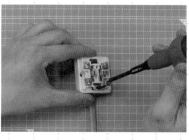

輪をねじ止めす
る

（5）
- ケーブル外装が台座の面位置にくるよう合わせる。
- 被覆噛み込みが無いか、心線露出が1 ～ 2mm程度か確認する。

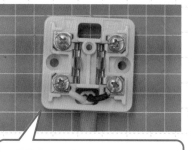

完成形の露出形
コンセント

ケーブル外装の面位置　（横から）

第2章　基本となる単位作業「7種類」を極めよう！！

これで露出形器具2種の輪作り結線作業は攻略だね！　実際の試験では、ここから
さらに、規定寸法を測り、そこからケーブルを90度折り曲げで切断するんだよ。

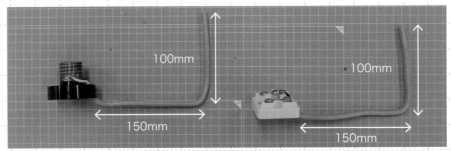

（左）ランプレセプタクル　　　　　（右）露出形コンセント
共に完成形で、器具の中心からケーブルまで150mm、そこから100mm立ち上げる

結線作業が完成したら、正しく作業できているかチェックをするぞ。以下は技能試
験で欠陥（一発不合格！）と判断される悪い例だ。君の作業が、列記するもので無
い事を入念に確認してくれよ！！

NO！　欠陥！！【ランプレセプタクルの欠陥事例。露出形コンセントも同じ注意が必要だ！】

①心線のねじ止め場所（極性）が誤っているもの
　⇒接地側の白線は大地と同電位だから触れても感電しないが、黒
　　線は触れると感電するから！！

極性誤り

②ねじの締め忘れ
　⇒締め忘れは電線が脱落することによる漏電火災の危険性がある
　　から！

ねじの締め忘れ

③ケーブル外装の境が、各器具台座の面位置に合っていない
　⇒IV線が傷つくことを防ぐためのケーブルなので、ケーブルは必
　　ず台座の面位置に合わせるんだ！　IV線の露出は最小限に！

面位置に合っていない

④ねじ止めが、絶縁被覆を噛み込んでいる
　⇒絶縁被覆の噛み込みは接触抵抗が大きくなって、該当部位の発
　　熱量増加に伴う発熱・発火の危険性が増大するから！

IV線の絶縁被覆噛み込み

⑤心線露出が5mm以上と過大になっている
　⇒施工手順（5）で見た通り、1～2mm程度の間隔が空いている
　　のはOKだが、間隔の空きすぎは該当箇所に埃が付着等した場合
　　のトラッキング（火災）の危険があるのでNGだ。

心線の露出長さが過大

第2章　基本となる単位作業「7種類」を極めよう!!

Step3 要点 国松の注目ポイント!!

①規定の寸法をしっかり守って、確実に輪作りをしよう！　最初は一つ一つ丁寧に作業を
　して、慣れてきたら、2つ同時に作業するなど、時短にも挑戦するんだ！
②輪作りで結線する露出形器具2種は共に極性がある！　輪作りのルール、ねじ止め接続
　のルール等は、欠陥事例に該当しないように、確認しながら何度でも練習しよう！！

単位作業その6 アウトレットボックスと 電線管の接続作業を学ぼう!

重要度：🔥🔥🔥

動画はこちら！

単位作業の6つ目は、アウトレットボックスとそれに接続する電線管（2種）の単位作業について見ていくぞ。電線接続を行う場所に設ける'箱'で、技能試験全13課題のうち、出題されるのは半分以下だ。基本的な事柄を守れば特別難しい作業ではないが、細かい作業ミス（締め忘れ・ねじ切り忘れ等）を欠陥と判断される所なので、慎重かつ丁寧な作業を行うことが重要だ！　基本となる単位作業もあと2つ、気合いで乗り切るんだ！！

Step1 図解 目に焼き付けろ！

アウトレットボックス周りで使用する器具類

共通して使用する器具

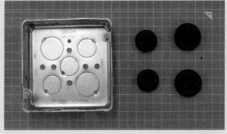

アウトレットボックス　　　　　　　　　　　　　　ゴムブッシング

↑ナイフを使って作業する！

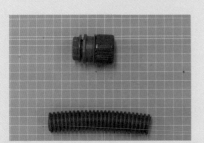

PF管の接続に使用する器具

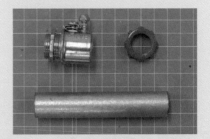

ねじなし電線管接続に使用する器具

↑共にウォータポンププライヤを使う唯一の作業！↑

※ボックスコネクタの緩み、ねじ切り忘れは欠陥なので要注意！！

候補問題を見ると、13問中4問についてアウトレットボックスの作業となっているぞ。さらに、電線管を使用する候補問題が各1問と出題が少ないんだ。無ければラッキー程度に思い、出たら出たで、しっかりと施工しよう！！

Step2 解説 爆裂に読み込め！

→ 一番最初の基本!　アウトレットボックス周りの単位作業を学習しよう!!

　テーマ冒頭にも記載したが、アウトレットボックスは全13課題中4問の出題で、さらに、そのうちPF管とねじなし電線管は各1問の出題となることから、単位作業の中では最も出題の少ない作業分野といえるぞ。

　第0章（導入講義）のNo.01で説明した通り、アウトレットボックスと電線管が出題されたときは、最初にこの作業を終わらせておくと、あとで楽に課題作成を行うことができるぞ（詳細は第3章で解説するぞ）。

　なお、試験では出題されるアウトレットボックスについては、作業に必要な穴が既に空いているので、新たに穴開けをする必要はないぞ（不必要な穴開けは欠陥となるから要注意だ）。

> 技能試験の器具一式を新規で購入した場合、届いたアウトレットボックスは新品だから、当然だが穴は開いていないぞ。最初は自分で作業用の穴を開ける必要があるんだ。その方法だが、ウォータポンププライヤを使って以下のように挟み、てこの原理で何度も前後させて押し外すように穴を抜くのが一番安全だぞ！　ハンマーで叩いて無理に開けると、手をけがするから危険だ。

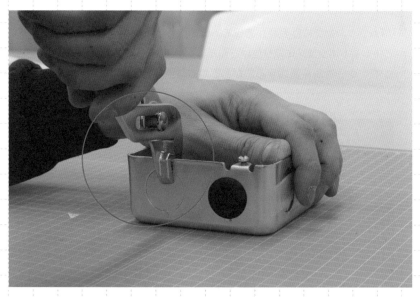

アウトレットボックスの穴抜き

【アウトレットボックス周りの単位作業】

準備	• アウトレットボックスに穴を開けたら、必要な工具一式をそろえる（ナイフ・ゴムブッシング）。	 アウトレットボックスゴムブッシング、ナイフ
（1）	• ゴムブッシング凹み部分にナイフで十字に切り込みを入れる。 ⇒ケーブルを通す部分なので、凹みの端まで大きく切り込むこと！	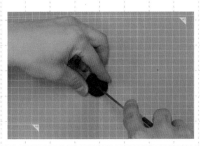 ゴムブッシングに十字切り込み

 ゴムブッシングには表裏があって、幅の広い方を外側、狭い方が内側にくるようアウトレットボックスに取り付けるんだ！　なお、十字に切り込みを入れたゴムブッシングにケーブルを貫通する穴があるかも確認しておこう！！

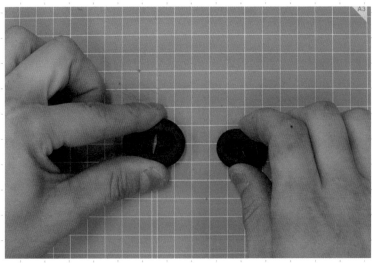

ゴムブッシングの切り込みの確認　　　　ゴムブッシングの表裏の確認
（指で挟む）

(2)
- 外側より、ブッシングをアウトレットボックスの穴に押し込み、ブッシングの溝にはめ込みながら取り付ける。

外側からブッシングの取り付け

(3)
- 電線管を取り付ける穴以外は、全ての箇所についてブッシングを取り付けること。

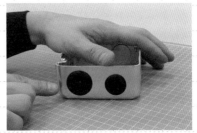

取付作業完了
（完成形）

技能試験で出題される材料については、電線や予備品を除いて、余るということは絶対にないんだ。もしゴムブッシングが余るという場合は、付け忘れの可能性が大だぞ！
もし取り付け忘れて電線接続までやってしまうと、後で取り付けることは難しく、該当箇所については1からやり直しという面倒なことになってしまうから気を付けるんだ！！

一つ一つの作業について、材料の過不足や作業漏れが無いか、確認しながら進めていきましょう！！

➡ アウトレットボックスに電線管（2種）を取り付けよう!!

　ここからは、アウトレットボックスに電線管を取り付ける単位作業について見ていくぞ。そこまで難しい作業ではないが、緩みが無いかを中心に細かい作業について欠陥等にならないように注意して見ていくぞ！！

第2章　基本となる単位作業「7種類」を極めよう！！

【合成樹脂製可とう電線管（PF管）の接続作業】

準備

- 問題の配線図を見て、必要な箇所にゴムブッシングをあらかじめ取り付けておく。
- 使用材料も準備しておくこと。

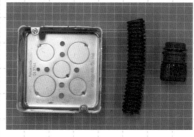

必要な材料
一式

（1）

- PF管を接続する側のねじを緩めておく。

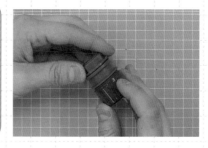

（2）

- （1）の状態で、PF管をコネクタの奥までしっかりと差し込む。

PF管をコネクタ
奥まで差し込む

（3）

- ボックスコネクタのロックナットを外す。

コネクタから
ロックナットを
外す

(4)	・アウトレットボックスの穴の位置にコネクタを差し込み、（3）で外したロックナットを内側から取り付け、手でしっかりと仮締めをする。

ボックスへの取り付け（仮締め）

(5)	・ウォータポンププライヤを使ってロックナットを固定し、反対の手でボックスコネクタを回して固定（本締め）する。

ウォータポンププライヤで本締め

完成	以下、欠陥判定となる2項目が無いことを確認して完成だ。 ・ロックナットが緩んでいないこと ・PF管を引っ張り抜けないこと

完成形

【ねじなし電線管（E管）の接続作業】

　続いてねじなし電線管への接続作業を見ていくぞ。取付作業は先ほど触れたPF管の接続と似ているが、コネクタの「止めねじ頭のねじ切り」の作業を忘れる欠陥が目立つので要注意だ。

準備①

- 問題の配線図を見て、必要な箇所にゴムブッシングをあらかじめ取り付けておく。
- 使用材料も準備しておくこと。

必要な材料
一式

(1)

- ねじなしボックスコネクタのネジを緩め、電線管をボックスコネクタに差し込む。

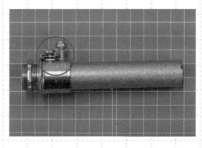

コネクタに電線
管を差し込む

(2)

- プラスドライバでねじを締める。
- ウォータポンププライヤの中間位置でねじを挟みねじの頭が取れるまで締め付ける。

プラスドライバ
で仮締め

最初はプラスドライバでねじを締め（仮締め）、ウォータポンププライヤで増し締め（本締め）を行うぞ。
ねじを切るのは、最初は勇気がいるかも知れないが、「えいやっ！」と、思い切ってねじ切ってしまえばいいぞ！
この、「ねじ切り」をしていない欠陥が近年の技能試験では多くなっているので、要注意だ！

ウォータポンプ
プライヤでねじ
切り

ねじ切り後の
ねじ脱落の様子

(3)

- ねじなしボックスコネクタの
  ロックナットを取り外す。
  ⇒丸みのある方がボックスの
  内側になるぞ！

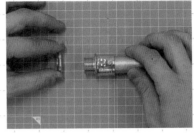

ロックナットを
外す

(4)

- アウトレットボックスの穴の位
  置にコネクタを差し込み、（3）
  で外したロックナットを内側か
  ら取り付け、手でしっかりと仮
  締めをする。

ボックスへの取
り付け（仮締め）

(5)

- ウォータポンププライヤを使っ
  てロックナットを固定し、反対
  の手でボックスコネクタを回し
  て固定（本締め）する。

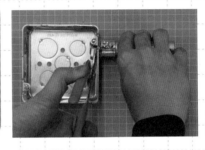

ウォータポンプ
プライヤで本締
め

(6)

- 絶縁ブッシングを手締めで取り
  付け、最後にロックナット同様
  ウォータポンププライヤで本締
  めする。

ウォータポンプ
プライヤで本締
め

第2章　基本となる単位作業「7種類」を極めよう！！

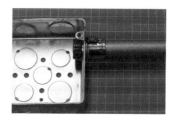
アウトレットボックスの断面を見ると分かるが、コネクタを止める順番で①ロックナット、②絶縁ブッシングの順番で取り付けるぞ。逆にはならず、絶縁ブッシングは金属管取り付け限定の部品になるぞ。

PF管の接続同様に、以下の内容を確認しよう！
金属管特有のねじ切りも忘れないでね！！
・ロックナットが緩んでいないか　・金属管を引っ張っても抜けないか　・ねじ頭をねじ切ったか。

◆ボンド線の取付作業を学ぼう！

　アウトレットボックスとねじなし電線管を電気的に接続する電線がボンド線だ。この取り付けは、近年の試験では省略されることがあるが、省略されない場合を想定して、練習しておくぞ。練習といっても、必要なスキルは「輪作り」だから、既に見てきた単位作業の延長だ。

準備②

- 必要な工具一式をそろえる。

  ※ボックスと電線管を接続したものは、先ほどのものを流用。

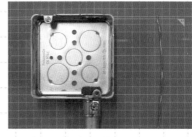

必要材料一式

(7)

- 支給されるボンド線の片側について、輪作りを行う。

ボンド線の端を輪作り

(8)

- ボックス内側からボンド線を適当な穴位置に差し込む。
  ⇒差す場所はどこでもOK、輪はボックス内に！

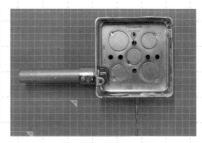

ボンド線差し込み（輪はボックス内）

(9)

- ボンド線の輪を4mm止めねじを使ってボックスに固定する。
  ⇒ねじ止め位置は1か所のみで、ボックス底のねじ切りがある位置を確認しよう！

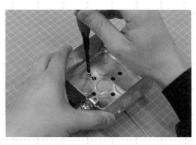

ボンド線をねじ止め（ボックス内）

(10)	・ボンド線を最短経路でボックスコネクタまで引っ張る。 ・コネクタ上のボンド止めねじを緩めて、隙間にボンド線を挟み、止めねじを締める。	 ボンド線をねじ止めする（コネクタ上）
(11)	・(10)の状態でしっかり締めて固定したら、ボンド線が止めねじから5mm程度出るように切断する。	 切断した後の様子
完成	・取り付けができたら、以下の欠陥事例に該当しないか確認して完成だ。	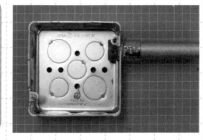 完成形

NO！ 欠陥！！ 【ねじなし電線管周りの欠陥事例】
①コネクタ上の止めねじの頭をねじ切っていない
　⇒取り付け練習を繰り返す場合に、ねじ切るのが惜しいがためか、忘れやすい作業なんだ。

ねじ切り忘れ

②ボンド線の取り付け忘れ＆ボンド線のコネクタ上の固定位置がずれている
　⇒施工条件を見て、設置を要する場合は必ず取り付けよう。コネクタ上のボンド線の取り付け位置については、コネクタ金具の位置によって取り付け方が3パターンあるので、施工条件と共にコネクタ金具上の止め位置を確認して、施工法を選ぶ必要があるぞ。

ボンド線の取り付け忘れ

コネクタ金具へのボンド線の止め位置

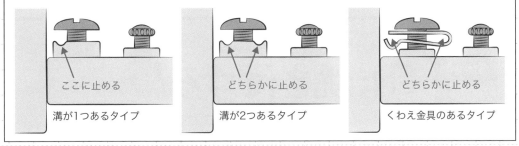

ここに止める	どちらかに止める	どちらかに止める
溝が1つあるタイプ	溝が2つあるタイプ	くわえ金具のあるタイプ

第2章　基本となる単位作業「7種類」を極めよう！！

Step3 要点　国松の注目ポイント！！

①アウトレットボックスの穴は必要箇所が事前に空いているぞ！　ゴムブッシングは、切り込みを入れてから取り付けるんだ！

②電線管2種の取り付けは似ているので、しっかりコネクタとボックスが接続されているか（緩んでいないか）、電線管が引っ張っても抜けないかを確認しよう！

③ねじなし電線管に特有の欠陥事例（ネジの切り忘れ、ボンド線の取り付け漏れ等）は、特に注意！　練習でねじ切らない人が多いからこそ、気を付けてくれ！！

No.
15
/30

単位作業その7
課題を仕上げる!
電線接続作業を学ぼう!!

動画はこちら！

単位作業の7つ目は、電線接続（2種）の単位作業について見ていくぞ。一番簡単な差込形コネクタを使う場合でも、差込不良（心線の露出、規定位置にない）による欠陥が起こるので、要注意だ。なお、リングスリーブによる圧着接続についても欠陥に要注意だが、使用するリングスリーブと刻印の組合せの間違いは特に気を付けよう！

Step1
図解
目に焼き付けろ！

リングスリーブの選び方

 太さ1.6mmが3本

断面積合計は 2mm²×3本＝ 6 mm²

断面積合計が
8mm²以下
なので

リングスリーブは 小

 太さ2.0mmが3本

断面積合計は 3.5mm²×3本＝10.5 mm²

断面積合計が
8mm²を超え
14mm²未満
なので

リングスリーブは 中

リングスリーブ&刻印の「大」は使わないよ。

・差込形コネクタ
は必要な電線本数
と差込口数は同じ
だよ！

⇒電線2本で3口のコネクタや、電
線3本で4口のコネクタという使
い方はしないぞ！！

差込形コネクタ（2口：赤、3口：青、4口：黄）
とリングスリーブ

基本となる単位作業の学習もこのテーマが最後だ。課題を完成させるために行
う仕上げの作業が電線接続だ。差込形コネクタは、電線本数と同じ口数のコネ
クタを接続するので楽だが、リングスリーブによる接続の場合には断面積計算
をして使用するスリーブと刻印を判断する必要があるぞ。だが、円の面積の計
算を頭に入れておけば、何ら難しくないぞ！！

Step2 解説 爆裂に読み込め！

➡ 電線接続法2種と事前準備について学習しよう!!

　長かった単位作業の学習もこのテーマが最後になるぞ。「終わり良ければすべて良し」というが、最後まで抜かりなく全力で取り組んでくれよ！！

　最後は課題作成の総仕上げ、電線接続の単位作業だ。試験では、ジョイントボックスまたはアウトレットボックスの中での接続を想定した課題が出題されているが、ジョイントボックスは省略されているので、裸接続になるぞ。

●裸接続を想定した接続作業

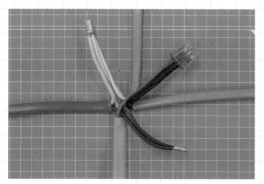

●アウトレットボックスを想定した接続作業

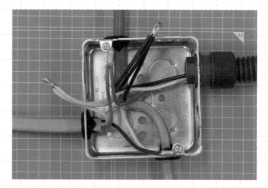

 ホントだ。ジョイントボックスに収める箇所の接続部分は、裸なんですね！

 実際の電気工事の現場では、必ずジョイントボックス内で接続作業を行うが、採点のことを考えて省略されているんだ。

　さあ、これまで学習してきた単位作業の施工スキルを使って器具と電線を接続したら、電線接続を行うわけだが、直ぐに電線接続を行うわけじゃないぞ。先ずは、電線接続をする前の事前準備を見ていくぞ。既に何回か触れているが、ジョイントボックス内又はアウトレットボックス内で電線接続をするために100mmのケーブル尺を接続用に切り出す必要があるぞ。

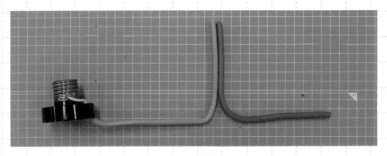

施工寸法

右の回路図を一例に、ジョイントボックス内で接続するためのケーブル外装・IV線の絶縁被覆剥ぎ取りを見ていくぞ。
なお、器具に電線を接続して抜けない状態であることを確認したら、器具根元を支点にケーブルを90度折り曲げておくんだ！！

150mm

VVF 1.6-2C

( )

【事前準備その①　ボックス内ケーブル加工】

（1）
- 器具中央から指定寸法（150mm）を測り、ケーブルを折り曲げ、そこから長さ100mmを測り、切断する。

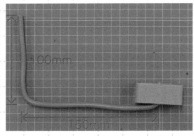

150mm測って折り曲げ、そこから100mm測って切断

（2）
- （1）で曲げたケーブル100mmを真っ直ぐに直し、ケーブル外装を剥ぎ取る。

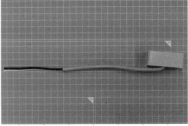

ケーブル外装100mmを剥ぎ取る

（3）
- 接続を要する全ての器具について、ケーブル外装を100mm剥ぎ取る。

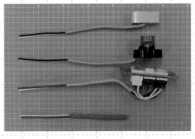

候補問題No.10の器具4つの横並び写真

この後解説するが、リングスリーブを使う場合と差込形コネクタを使う場合で絶縁被覆の剥ぎ取り尺が異なるから、作業はここで一旦終了にしてくれよ！！

【事前準備その②　IV線の絶縁被覆の剥ぎ取り】

　電線接続部分の絶縁被覆の剥ぎ取り尺は、リングスリーブを用いる場合は20mm、差込形コネクタを用いる場合は12mmになるぞ。

一旦全て20mmで絶縁被覆を剥ぎ取り、差込形コネクタで接続する部分のIV線については、そこからさらに切断して12mmにそろえるやり方を推奨していることもあるが、それでは二度手間で限られた時間を無駄にすることになるから、俺は一発で剥ぎ取り尺を切り出す方法をオススメするぞ！！
12mm程度の尺になる、君の身体のパーツ（手指）を事前に見つけておくといいぞ！！

(1)

- 【リングスリーブの場合】
  刃先又は刃元のスケールで20mmを測り、絶縁被覆を剥ぎ取る。
- 【差込形コネクタの場合】
  手指の尺等から12mmを測り、絶縁被覆を剥ぎ取る。

リングスリーブの場合
IV線の絶縁被覆20mm剥ぎ取り

差込形コネクタの場合
IV線の絶縁被覆12mm剥ぎ取り

➡ 全ての「学び」は1本の道（合格）につながる、電線を繋げるんだ!!

　まずはリングスリーブを用いる場合の、種類と刻印の選定について見ていくぞ。使用するリングスリーブの選定は、単線をより線と同じ「○mm²」に換算（断面積を計算）できるかどうかがポイントだぞ！　断面積の計算は、円の面積の計算法と同じだ！！

「単線⇔より線」換算式

単線	断面積（半径×半径×π）	より線
1.6mm	0.8×0.8×3.14＝2.0096	≒2.0mm^2
2.0mm	1.0×1.0×3.14＝3.14	≒3.5mm^2
2.6mm	1.3×1.3×3.14＝5.3066	≒5.5mm^2
3.2mm	1.6×1.6×3.14＝8.0384	≒8.0mm^2

単線1.6mmとより線の2.0mm^{2}はほぼ同じだな。少しずれるが、単線2.0mmとより線の3.5mm^{2}は近似値だ。覚えるというより、単線の直径から円の面積（より線でいう断面積）を求めればOKということを理解してほしいぞ！

使用するリングスリーブの種別と圧着刻印の一覧

電線の太さ	本数	リングスリーブの大きさと刻印
1.6mm	2	小スリーブ○
	3〜4	小スリーブ小
	5〜6	中スリーブ中
2.0mm	2	小スリーブ小
	3〜4	中スリーブ中
2.0mm1本と1.6mm1〜2本		小スリーブ小
2.0mm1本と1.6mm3〜5本		中スリーブ中
2.0mm2本と1.6mm1〜3本		中スリーブ中

刻印された様子

見ると分かるが、「○」の刻印を使用するのは、1.6mmの電線が2本の場合のみだぞ！ それ以外については、表を参考にして断面積合計を計算して、8mm^{2}以下なら「小」スリーブ、8mm^{2}超なら「中」スリーブだ。筆記試験では「大」スリーブを使用する場合についても出題されることがあるが、技能試験では出ないから、断面積を元にした選定法を必ずマスターしよう！！

【リングスリーブによる圧着接続の場合】

準備
- 必要な工具一式をそろえる。IV線は直径1.6mmのものを2本、先端は20mm絶縁被覆を剥ぎ取っておく。

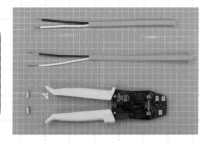

工具（リングスリーブ「小」、圧着工具、IV線1.6mm　2本）

（1）
- 接続したい電線同士を前ページの表に記載の適正サイズのスリーブに通す。

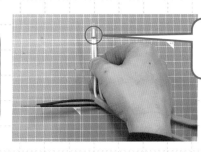

ふくらみを下にする！

リングスリーブに電線を通す

リングスリーブの差し込む向きだが、広がった方から差し込むぞ。これを逆にしないようにしよう！　また、欠陥事例で紹介するが、リングスリーブの広がった方からIV線の心線の露出は1〜2mm程度にするんだ。出過ぎや被覆の圧着噛み込みは欠陥（一発不合格）になるので、要注意だぞ!!

（2）
- 圧着工具でリングスリーブの中央位置を挟み、スリーブからの心線露出が1〜2mm程度となるように一気に握り込む。

圧着工具を握って圧着する

手が小さい人や握力の弱い人にとって、圧着工具を握るのは大変だから、最初は圧着工具の根元に近い所を持って位置決めをして軽く握り（仮締め感覚）、スリーブが潰れだしてある程度柄が閉じてきてから、持ち替えて柄の部分を握るようにすると、作業しやすいぞ！

根元握り　　　　　　　　　　　柄先握り

圧着工具は最後まで握り切ると、自動的に開く設計なので、開くまでは力の限り握っても大丈夫だよ！

（3）

- リングスリーブ先端のはみ出している電線を3mmほど残して切断する。

3mmほど残して切断

完成

- 刻印が正しいことを確認する。
⇒先端の切断面は大変鋭利な状態なので、手を切らないように要注意!!

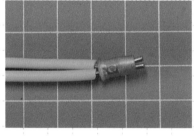

完成形

実際の電気工事現場ではこのままだとダメで、ここにビニルテープ（絶縁性のある）を巻いて、電線とリングスリーブが露出しないようにするんだ。技能試験では、その過程は省略されているので、これで完成だが一応頭に入れておこう！

　圧着接続が完成したら、正しく作業できているかチェックをするぞ。以下は技能試験で欠陥（一発不合格！）と判断される悪い例だ。君の作業が、列記するもので無い事を入念に確認してくれよ！！

NO！　欠陥！！【リングスリーブによる圧着接続の欠陥事例】

①圧着時に絶縁被覆を噛み込んでいる
　⇒絶縁被覆の噛み込みは接触抵抗が大きくなって、該当部位の発熱量増加に伴う発熱・発火の危険性が増大するから！

絶縁被覆の噛み込み

②圧着位置が悪いため、根元の心線が10mm以上露出している
　⇒施工手順（2）で見た通り、1〜2mm程度の間隔が空いているのはOKだが、間隔の空きすぎは該当箇所に埃が付着した場合などにトラッキング火災の危険があるのでNGだ。

心線根元が10mm以上露出

③先端部の心線の切断忘れ
　⇒施工手順（3）で見た通り、5mm以下の心線露出はOKだが、露出部が長いと、該当箇所に埃が付着した場合などにトラッキング火災の危険があるのでNGだ。

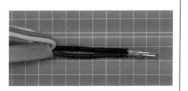
先端部の切断忘れ

④リングスリーブの圧着刻印が誤っている
　⇒圧着刻印の誤りは一発欠陥だ。1.6mm×2本の場合、「小」スリーブ使用で刻印は「○」だ！

「小」になっている。正しくは「○」だ

圧着刻印の誤り

⑤心線の挿入不足により、スリーブ先端から目視確認ができない
　⇒絶縁被覆剥ぎ取り尺を20mmで統一しているので、このように上から目視で心線を確認できない場合は、②のように根元部の露出部が10mm超になっている欠陥の可能性もあるぞ！！

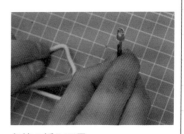
心線の挿入不足

【差込形コネクタによる接続の場合】

　規定尺を剥ぎ取り、しっかりと差し込めば問題ないぞ。リングスリーブよりは簡単だが、油断禁物だ。なお、接続する電線本数に応じて、コネクタの差込口数を選ぶようになるぞ。

電線の直径は関係ないんですね、本数に気を付けます！

準備	• 必要な器具一式をそろえる。IV線は直径1.6mmのものを3本、先端は絶縁被覆を12mm剥ぎ取る。

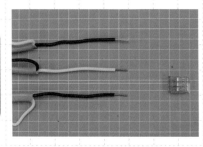

器具（差込形コネクタ（3つ口）、IV線 1.6mm　3本）

（1）	• 接続する電線をコネクタ差込口奥までしっかり差し込む。⇒差込後、手で引っ張り抜けない事を確認して完成だ！

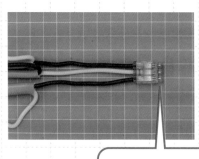

差込形コネクタの先端まで、IV線をしっかり差し込む

心線が窓から見えるように！

　差込接続が完成したら、正しく作業できているかチェックをするぞ。以下は技能試験で欠陥（一発不合格！）と判断される悪い例だ。君の作業が、列記するもので無い事を入念に確認してくれよ！！

NO！　欠陥！！　【差込形コネクタによる差込接続の欠陥事例】
①差込不良で差込口から心線が露出している。
　⇒露出箇所が無いようにしっかりと差し込むんだ！　心線が露出している箇所に埃等が付着すると、トラッキング火災の危険があるのでNGだぞ。

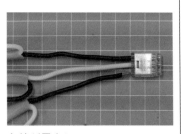

心線が露出している

②剥ぎ取り尺の誤り又は差込不良により、心線が規定位置まで挿入されていない。
　⇒しっかりと奥まで差し込むと、コネクタ先端部から心線の先端部が見えるようになるぞ。見えていない場合は、①の差込不良若しくは12mmの規定尺が不足している可能性があるから、要注意だ！

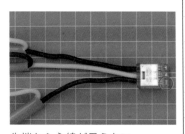

先端から心線が見えない

コネクタから心線を外す場合は、コネクタをひねりながら電線を引っ張ると抜くことができるぞ。ただし、抜いたときに差込心線に傷がついていた場合は、必ず該当箇所の電線を切断して、新たに12mmの絶縁被覆を剥ぎ取ってからコネクタへ再差込を行うんだ。欠陥となっている場合には必ずやり直す必要があるので、心線の外し方に気を付けて欲しいぞ。

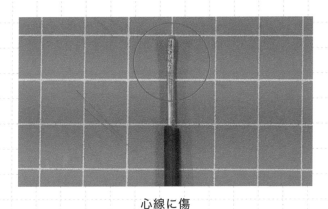

心線に傷

第2章 基本となる単位作業「7種類」を極めよう!!

Step3 要点 国松の注目ポイント!!

①リングスリーブの場合は20mm、差込形コネクタの場合は12mmのIV線の絶縁被覆の剥ぎ取り尺を必ず守ろう！　規定尺を守ることが、正確な作業の第一歩だ！

②リングスリーブの選定については、円の断面積で計算せよ！
1.6mm×2本は「小」スリーブの「○」刻印、断面積$8mm^2$以下は「小」スリーブの「小」刻印、$8mm^2$超はスリーブ・刻印共に「中」だ！

③差込形コネクタは奥までしっかり差し込むことが大事！　電線接続本数とコネクタの差込口数は同じになるぞ！！

重要度：🔥🔥🔥

時短のコツ！ 剥ぎ取り&接続尺を一気にチェックしよう!!

このテーマでは、技能試験の課題作成の肝と言える'時短のコツ'について見ていくぞ。仕事においてはとかくNGとばかりに言われる「慣れ（ルーティン）」や「流れ仕事」が、技能試験では特に有効で、その一例をここで示すぞ。ある程度練習をして、正確な作業が制限時間内にできるようになったら、それをより早く施工できるように訓練することが重要だぞ。さらなる高みを目指すんだ！！

Step1 図解 目に焼き付けろ！

国松式　技能試験の作業時間短縮の心得

其の1：単位作業は流れ作業で順序良く取り組もう！　器具毎の施工順を、
　　　　練習の時から明確に決めておくとGoodだ！

其の2：ケーブル外装・IV線の絶縁被覆の剥ぎ取り尺は、頭の中に叩き込もう！
　　　　尺は正確第一だが、その測り方はスケール以外のもので測るんだ！！

其の3：器具と電線の接続が一通り完了したら、候補問題の単線図同様に器具
　　　　を配置してみよう！　ジョイントボックス部については、クリップ等で
　　　　固定すると、接続作業がし易くなるぞ！！

其の4：電線接続部の剥ぎ取り尺（リングスリーブ２０ｍｍ、差込形コネクタ
　　　　１２ｍｍ）は其の3の形を作り、施工条件を確認してから行おう！

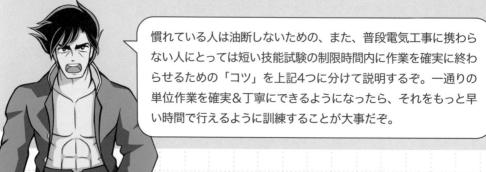

慣れている人は油断しないための、また、普段電気工事に携わらない人にとっては短い技能試験の制限時間内に作業を確実に終わらせるための「コツ」を上記4つに分けて説明するぞ。一通りの単位作業を確実&丁寧にできるようになったら、それをもっと早い時間で行えるように訓練することが大事だぞ。

Step2 解説　爆裂に読み込め！

➡「Time is Money」時短を叶えておカネも稼げるだと!?

　時代が激しく変化をする時代にあって、いくら懇切丁寧な工事ができたとしても、他の業者の2倍以上も時間を要するとなると、正直困った話だと思わないか？

 丁寧は丁寧でも、「バカ丁寧」は考え物ですね……。

　丁寧な事は当然として、現代では＋時短も求められているというわけだ。技能試験も40分という限られた時間の中で欠陥とならないように確実＆丁寧な課題作成が求められているので、それを達成するために必要な時短テクについて、ここで解説するぞ。時短で浮いた時間で別の仕事をすれば、さらに稼げるようになるはずだ。稼げ、稼ぐんだ！！

 は、はい〜……！

其の1：単位作業は流れ作業で順序良く取り組もう！　器具毎の施工順を、練習の時から明確に決めておくとGoodだ！

　第0章No.1でも説明したが、限られた時間内で正確な作業のもとに課題を作成するためには、基本となる単位作業の理解とその再現性がポイントになるんだ。そこで、俺が推奨する施工法、それは、「同一の作業はひとまとめにして行う」という方法だ。

其の2：ケーブル外装・IV線の絶縁被覆の剥ぎ取り尺は、頭の中に叩き込もう！　尺は正確第一だが、その測り方はスケール以外のもので測るんだ！！

　単位作業の工程を解説する中で耳にタコができるほど聞いてきたと思うが、外装・絶縁被覆の剥ぎ取り尺は、似たものが多いので混同には気を付けて欲しいところだ。寸法計測についても、毎回スケールを使うのは時間的ロスが大きくなるので、ストリッパに記載の尺若しくは手尺や目盛の記載があるカッターマットを使うなど、細かいけれども抜かりなく時短となる尺計測法を自分なりに確立しておくんだ！！

第2章　基本となる単位作業「7種類」を極めよう！！

器具	外装&IV線の剥ぎ取り尺
引掛シーリング（角形・丸形）	 外装20mm　絶縁被覆10mm
配線用遮断器 （ブレーカー）	 外装40mm　絶縁被覆10mm
端子台	 外装50mm　絶縁被覆12mm
埋込器具 （コンセント・各種スイッチ）	 外装100mm　絶縁被覆10mm
渡り線（埋込器具裏）	 IV線長100mm　絶縁被覆両端　各10mm
ランプレセプタクル	 外装40mm　絶縁被覆20mm
露出形コンセント	 外装30mm　絶縁被覆20mm

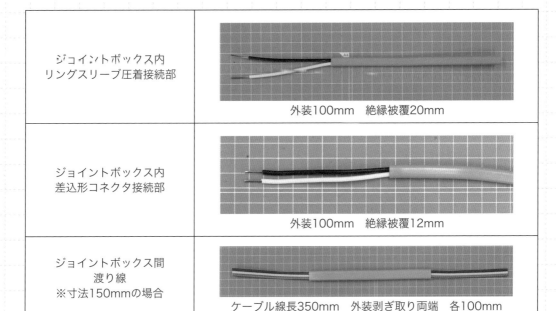

ジョイントボックス内 リングスリーブ圧着接続部	外装100mm　絶縁被覆20mm
ジョイントボックス内 差込形コネクタ接続部	外装100mm　絶縁被覆12mm
ジョイントボックス間 渡り線 ※寸法150mmの場合	ケーブル線長350mm　外装剥ぎ取り両端　各100mm

第2章　基本となる単位作業「7種類」を極めよう！！

ジョイントボックス間の渡り線とは、右の回路図のようなAB2つのジョイントボックス間にあるケーブルが該当するぞ。
なお、実際に施工した後、施工条件に記載の接続条件（リングスリーブなら20mm、差込形コネクタなら12mm）に応じて絶縁被覆の剥ぎ取り尺が変わるので、施工条件を必ず確認するんだぞ！！

VVF 1.6-3C
A　150mm　B

この回路図の場合、ケーブル線長350mmで両端のケーブル外装を100mm剥ぎ取るんですね！ 両端について、IV線とケーブルの境を支点に90度折り曲げる事も忘れないでおきます！！

其の3：器具と電線の接続が一通り完了したら、候補問題の単線図同様に器具を配置してみよう！
**　　　　ジョイントボックス部については、クリップ等で固定すると、接続作業がし易くなる**
**　　　　ぞ！！**

　各器具への結線＆ボックス内での接続に必要となる外装剥ぎ取り（100mm）を行ったら、今度は電線同士を接続して1つの作品に仕上げる作業に入るんだ。このとき、初めに候補問題の配線図同様の形に整えてから接続をすると接続箇所毎の施工条件誤りを防ぐことができるが、複数のIV線同士を束ねるのは慣れていないと難しいので、写真のようなクリップを2〜3個持って行くと接続作業が容易になるぞ！ ジョイントボックス内（器具は省略）での接続を想定している場所について、是非クリップを活用しよう！

クリップ	クリップで電線を束ねる

其の4：電線接続部の剥ぎ取り尺（リングスリーブ20mm、差込形コネクタ12mm）は其の3の
　　　　形を作り、施工条件を確認してから行おう！

　候補問題に記載の配線図と同じように各器具と電線を配置して、ボックス内に相当する箇所を
クリップで固定したら、施工条件に記載の接続条件に従ってIV線の絶縁被覆を剥ぎ取るぞ。其の
1で示したが、同じ作業についてはひとまとめにして行うと、器具を持ち変える手間や時間を削
減できるので、時短に最も有効と言えるんだ。

行ったり来たりみたいになると、それだけで時間のムダですよね。全ての器具に一
通り結線（ストリッパ）して、配線図通りに形を整えて（手）、ボックス内の接続条
件に従って絶縁被覆を剥ぎ取り（ストリッパ）、圧着する（圧着工具）。圧着工具は
一番最後がいいんですね！　流れ作業万歳です！！

Step3 要点 ▶ 国松の注目ポイント!!

①練習に取り組む中で、自分が作業しやすい手順を発見しておこう！　その流れを意識し
　て、毎回同じように取り組むことが大切だ！
②「尺」は極めて重要なものだが、毎回スケールを使って測るのはナンセンス！　スト
　リッパに記載の尺や手尺、尺の記入されたカッターマットを使うなど、時短できる方法
　をどんどん取り入れよう！
③丁寧は丁寧でも、「バカ丁寧」には1円の価値も無い！「早くて丁寧」これが求められて
　いる！Time is Moneyの精神で取り組むんだ！！

重要度：🔥🔥🔥

No. 17 /30　作業のコツとミスしやすい箇所を まとめてチェックしよう！

このテーマでは、これまで学習してきた単位作業全体の注意点について、まとめの解説を行うぞ。「寸法をしっかりと測り、基本に忠実に単位作業を行う」ができれば必ず合格できるのに、何故不合格者が毎年30%も続出するのか？その理由を解説するぞ。併せて、近年の試験で増えている欠陥事例とその対処法についても解説するぞ。「慣れは大事だが、慣れ故の驕りこそ恐れなり」が基本で、俺の解説した通りにやってくれれば必ず合格できるぞ！　俺を信じて、一緒に走り切るんだ！！

Step1 図解　目に焼き付けろ！

国松式　技能試験本番の心得

其の1：基本に忠実！　寸法計測を確実に行い、丁寧で早い施工を意識せよ！

其の2：近時の試験で多く発生している欠陥事例に注意せよ！

　　　　予防するには、其の1を徹底するが宜しい！！

其の3：「受かるか、受からないか」ではなく、「合格したいか、したくないか」

　　　　気持ちで負けるな！　強い気持ち（合格）を持って、試験に臨め！！

不合格者の多くは、いわゆる「我流」でやってしまい、本来守るべきルールを守っていないから「不合格」という欠陥になっているんだ。我流は厳に戒めよ。俺が君に伝えたいのは基本に忠実な「国松ルール」を徹底して欲しいということだ！　つまり、「当たり前を当たり前に行う」ことこそ最短経路だ！　よっし、合格までの1本道を俺と一緒にランウェイしようじゃないか！！

Step2 解説 爆裂に読み込め！

→ 我流を厳に戒め、国松式ルール（基本）に忠実に作業を行うんだ！

　第2章の講義もこのテーマで最後だ。この後はいよいよ、技能試験の13課題に挑戦するわけだが、その前に伝えておきたいことがあるぞ。技能試験は、筆記試験合格者（60%）に対して行われ、その合格率は70%程度と言われているぞ。早い話は半分以上の人は合格できるが、100人受験して30人は技能試験で欠陥と判断されているというわけだ！！

 い、意外と多い気がする。不合格者の人ってどういう特徴があるんですか？

　不合格者について考えられるケースは以下の3点だ。

- **課題や単位作業の練習不足**
  ⇒試験日程は分かっているわけだから、これは完璧に自業自得。できない人ほど「忙しい」が口癖のようだが、すべての人に共通しているのが1日24時間という時間だ。社会人も多い受験者にあって、時間のやりくりは、大人のマナーだ。

- **試験で緊張してしまい、本来の実力を発揮できない**
  ⇒少数だが一定数いるのが「アガリ症」タイプの人。普段の練習では卒なくできる人も、試験会場の雰囲気や慣れない場所での作業だと実力を発揮できないというわけだ。そういう人にいえるのは、「気持ち」の問題だ。「特別」と思ってしまうからこそ、舞い上がってしまう。そう、いつもの練習と同じように取り組めば、克服できるはずだ。

- **「慣れ故の驕り」　我流でやってしまい、欠陥作業となってしまう。**
  ⇒俺が見てきている中で、最も多いのがこのタイプだ。車の運転然り、初心者は何でも緊張しているから、特に丁寧に取り組むはず。ところが、慣れてきたころに交通事故を起こすなんて話、聞いたことないか？　電気工事も同じだ。基本に忠実に行えば問題ないはずの単位作業も、勝手な解釈で自己流の方法で作業をして、欠陥となってしまい不合格。なんてもったいない事か！！

 試験の日程は決まっているのだから、時間管理をしっかりして練習に励むこと。そして、基本に忠実に取り組むことが大切なんですね！

　その通りだ。くどいようだが、何度でもいうぞ。「基本に忠実」これこそが、合格への最短経路を歩む、王道というわけだ！！

　では、第3章にむけて常に頭の中に叩き込んで意識しておきたいポイントを以下列記するぞ。

・配線を間違えていないか。
　→候補問題の配線図を見て、器具の配置やケーブル長に誤りが無いか注意しよう！　候補問題によっ
　　ては、ケーブルを曲げた状態とする箇所もあるので、必ず問題の配線図を確認するんだ！！

・電線の種別や色分けを間違えてないか。
　⇒一番多く使用されるのは、VVF1.6-2Cだ。数こそ少ないが、EM-EEFやVVRも出題されるので、
　　問題の配線図を見て電線の使用箇所を間違えないようにしよう！　電線の色は、施工条件で指定
　　されていることがあるので、必ず施工条件を確認するんだ！

・極性のある器具について、接地・非接地を間違えてないか。
　⇒埋込器具（コンセント）と露出形器具（ランプレセプタクル・コンセント、引掛シーリング）、配線
　　用遮断器については極があるので、必ず「W」・「N」・「接地側」の記載を確認して結線するんだ！

・「輪作り」を要する露出形器具の取り付けは、規定通りか。
　⇒ねじ止めする時の輪は、時計回りの向きだぞ。被覆の噛み込みやIV線の被覆剥ぎ取り尺が過大で
　　心線のはみ出しが5mm以上になっていないか、要確認だ！

・ケーブル外装や絶縁被覆に傷が付いていないか。
　⇒ワイヤーストリッパやナイフを正しく使うことと、練習で力加減を身に付ければ必ずクリアでき
　　るぞ。ここに関しては、唯一、「慣れろ！」と言いたいぞ！！

・連用取付枠の取付位置は施工条件通りになっているか。
　⇒連用取付枠は1枚の支給が多いが、埋込器具を2カ所以上接続する候補問題が多いので、どの箇所
　　に取り付けるのかを、必ず施工条件を見て確認するんだ！！

・アウトレットボックス周りの作業（2種）について、漏れが無いか。
　⇒施工省略されることが多いボンド線の取付作業、忘れがちな金属管用ボックスコネクタのねじ頭
　　のねじ切り作業は忘れずに行おう！

・電線接続の施工条件を守っているか。
　⇒リングスリーブ・差込形コネクタについて、施工条件を守っているか。また、リングスリーブは
　　圧着刻印が正しく、被覆噛み込みや大きな露出はないか、差込形コネクタは差し込み不足や露出
　　がないか、必ず確認するんだ！！

➡ 写真で理解!　近時の試験で増えている単位作業の欠陥は、こう対処せよ!!

　単位作業ごとに正確な作業を行うことが、試験合格への最短経路だと何度も言っているが、こ
こでは、これまで見てきた単位作業ごとの欠陥事例の中でも、特に近時の試験で顕著に増加して
いる欠陥事例を紹介するぞ。

　結論から言えば、「寸法を正しく測り、国松流の基本となる正しいルールで、手順を自分なりに
統一して行うこと！」

　これが、欠陥（ミス）を減らし、かつ、合格できる最短経路になるぞ！

①IV線の絶縁被覆が露出している

　器具を結線する際には、必ずケーブル外装及びIV線の絶縁被覆の剥ぎ取り尺を計測して規定の尺で剥ぎ取るんだ。

　<u>対処法</u>：寸法を測ることが、いかに大切か。何度も言っているが、自己流で勝手な作業を行う人に見られる欠陥だ！　寸法をしっかり計測する。

　基本に忠実に取り組むんだ！！

IV線の絶縁被覆が露出

②露出形器具2種のねじ止め箇所の心線露出が5mm以上となっている

　輪作りを要する露出形器具（露出形コンセント・ランプレセプタクル）2種については、本当に欠陥事例が多く見られるので、特に注意が必要だ。

　写真のように、ねじ止め箇所から5mm以上心線が露出していると欠陥になるぞ！

　<u>対処法</u>：①同様、寸法を測ることがいかに大切か。何度も言っているが、自己流で勝手な作業を行う人に見られる欠陥だ！　寸法をしっかり計測しよう！！

心線5mm以上露出

　くどいようだが、今一度以下の通り剥ぎ取り尺を確認するんだ！！

剥ぎ取り尺

	ケーブル外装	IV線の絶縁被覆
ランプレセプタクル	40mm	20mm
露出形コンセント	30mm	20mm

③器具の面位置とケーブル・IV線の境とが合っていない

　心線露出に次いで露出形器具の欠陥で多いのが、面位置への境不適合だ。

　外装及び絶縁被覆の剥ぎ取りを規定尺通りに行えば、こういった欠陥にはならないぞ。つまり、我流で行うからこそ、起こるミスなんだ。

　<u>対処法</u>：①・②で見た通り、寸法をしっかりと測り、その上で剥ぎ取り作業を行えば、欠陥にはならないぞ！！

カバーが締まらない

台座の上に外装を押し上げている場合もあるので、この場合はケーブルを引っ張って、面位置に合わせるようにするんだ！！

 露出形器具に限らず、全ての器具結線について、必ず寸法を測ることを意識しないとですね！！

④電線管用ボックスコネクタの止めねじ頭のねじ切り忘れ

13ある候補問題のうち、金属管の出題は1つだけなので、おろそかになってしまうのかもしれないが、一番この欠陥をやらかすのは、「真面目な人」なんだ。

ねじ頭のねじ切り忘れ

というのも、何度も練習をする熱心な人ほど、ねじ切らずに仮止めばかりして、試験本番でねじ切る作業をうっかり忘れてしまう可能性があるからなんだ。

<u>対処法</u>：練習することも大事だが、試験本番で忘れないように、必ず止めねじの頭をねじ切る練習もしておくんだ！！

🔁 公表候補問題から、傾向と対策を考えるんだ!!

第2章の最後は、技能試験13課題の候補問題について、施工条件等の予想や出題者の意図などについて触れておくぞ。候補問題を見ると、配線図のみ与えられているので、①接続（リングスリーブか差込形コネクタか）、②ケーブルの長さ、③連用取付枠の可否については、施工条件を確認して、その通りに作業を行う必要があるんだ。

とはいえ、基本はこれまで見てきた単位作業をしっかりとマスターしておけば問題はないから、安心してくれよ！！ 注意すべきは、施工条件をしっかり確認するということだ。読み間違え等のイージーミスはしないようにな！！

①埋込器具設置箇所が複数ある場合は、連用取付枠の位置を確認しよう！

埋込器具を連用取付枠に設置するかは、実際の試験問題の施工条件を見るまで分からないんだ。特に、4路スイッチを設ける場合には、3か所（3路スイッチが2カ所と4路スイッチ1か所）も埋込器具を設けることになるから、連用取付枠をどのスイッチに取り付けるかを施工条件で必ず確認するんだ！！

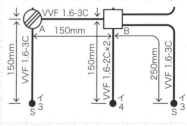
候補問題No.07

併せて、埋込器具が1つの場合は連用取付枠の中央に取り付けることを忘れずにな！！

②ケーブルの長さは「mm」表記だ、慣れてくれ！！

身長然り、多くの受験生にとって「ｃｍ」（センチメートル）という単位になれているせいか、「mm」（ミリメートル）表記になれていない人が多いようだ。こればかりは、慣れるしかないので、10mm＝1cmなので、その関係を頭の中で直ぐに変換できるようにしよう！

なお、候補問題の単線図を見ると回路の形や使用する器具は分かっても、それらを接続するケーブル長については記載が無いんだ。実際の試験では、配線図に施工寸法が記載されている（①の図参考）ので、それを元に作業を進めていくことになるぞ。

俺の講義でも、およその目安となる寸法（多いのがケーブル長150mm）を元に、接続箇所のケーブル長を+100mmとするパターンを想定して問題を作っているが、基本はそれをベースにして覚えておくようにしてくれ！

③電線の接続、楽なのは差込形コネクタだがリングスリーブ接続も当然出題される！

電線太さを考慮せずに接続する心線数で判断できるので、差込形コネクタは受験生に人気！？らしいな。だが、実際の試験では、満遍なく接続については出題されているぞ。

第2章No.15でも触れたが、リングスリーブ接続の場合は、接続断面積が$8mm^2$以下であれば「小」スリーブ、$8mm^2$超であれば「中」スリーブになるぞ（刻印も同様）。

1.6mm×2本の場合は、「小」スリーブで刻印は「○」でしたね！！

くどいようだが、何度でも言うぞ。寸法を測り、正しい尺で剥ぎ取りを行おう！　基本に忠実であることが、合格への最短経路だ！さあ、俺と共に課題に取り組んでいくぞ！！

Step3 要点　国松の注目ポイント！！

①尺を測ることが一にも二にも何よりも大事！！　基本に忠実でいることが一番の合格へのアプローチだ。

②我流は厳に戒め、練習の時から基本に忠実たれ！

第 3 章

13ある候補問題（課題）を自らの手で作り上げよう!!

第1章で電気の基礎知識、第2章で基本となる単位作業を身に付けたら、いよいよ公表されている候補問題について、実際に作業を行い課題を作り上げていくぞ！！

施工条件については、本試験で出題者が受験生に試したい条件を俺が想定して決めているから、一つの参考として取り組んでみよう！

他社のテキストでは、複線図を描くことをしゃかりきに推奨しているが、5分も使うムダを考えて俺は推奨しないぞ！とはいえ、気になる人も多いところなので、各候補問題の最後のページに一応記載しておくぞ！

なお、最初から制限時間内に正確に作業ができる人はいないはずだ、繰り返し練習する中で己に自信をつけ、制限時間内に全ての課題が完成できるように、何度でもTry Try Try！！

候補問題
No.01の課題作成に
挑戦しよう!!

動画はこちら！

候補問題No.01は連用取付枠に埋込器具を3つ取り付けるタイプの回路だ。輪作りや差込接続にジョイントボックス間におけるVVF1.6-3Cの渡り線、埋込器具間のIV線による渡り線などもあって、盛りだくさんな内容だぞ。これまで見てきた学習を思い出しながら、自分なりの手順に基づいて、確実に取り組んでいくんだ！！

公表候補問題No.01　P2

　　図に示す低圧屋内配線工事を与えられた全ての材料（予備品を除く）を使用し，〈 施工条件 〉に従って完成させなさい。
なお，
　　1．—・—・— で示した部分は施工を省略する。
　　2． VVF 用ジョイントボックス及びスイッチボックスは支給していないので，その取り付けは省略する。
　　3．電線接続箇所のテープ巻きや絶縁キャップによる絶縁処理は省略する。
　　4．作品は保護板（板紙）に取り付けないものとする。

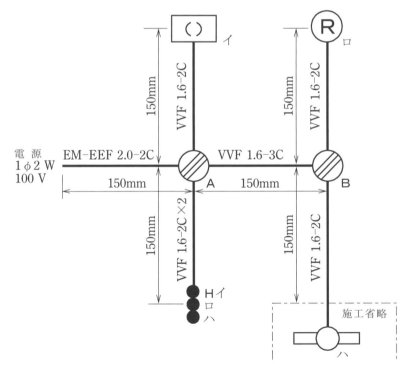

注：1．図記号は，原則として JIS C 0303:2000に準拠している。
　　　　また，作業に直接関係のない部分等は省略又は簡略化してある。
　　2．Ⓡは，ランプレセプタクルを示す。

公表候補問題No.01　P1&3

〈支給材料〉

	材　　　料	
1.	600V ポリエチレン絶縁耐燃性ポリエチレンシースケーブル平形，2.0mm，2 心，長さ約 250mm	1 本
2.	600V ビニル絶縁ビニルシースケーブル平形，1.6mm，2 心，長さ約 900mm ················	2 本
3.	600V ビニル絶縁ビニルシースケーブル平形，1.6mm，3 心，長さ約 350mm ················	1 本
4.	ランプレセプタクル（カバーなし） ···	1 個
5.	引掛シーリングローゼット（ボディ（角形）のみ） ·····························	1 個
6.	埋込連用タンブラスイッチ ···	2 個
7.	埋込連用タンブラスイッチ（位置表示灯内蔵） ·································	1 個
8.	埋込連用取付枠 ···	1 枚
9.	リングスリーブ（小） ·································· （予備品を含む）	8 個
10.	差込形コネクタ（2 本用） ···	2 個
11.	差込形コネクタ（3 本用） ···	1 個
・	受験番号札 ··	1 枚
・	ビニル袋 ··	1 枚

《 追加支給について 》

　ランプレセプタクル用端子ねじ，リングスリーブ及び差込形コネクタは，作業のやり直し等により不足が生じた場合，申し出（挙手をする）があれば追加支給します。

〈施工条件〉

1．配線及び器具の配置は，図に従って行うこと。
　　なお，「ロ」のタンブラスイッチは，取付枠の中央に取り付けること。

2．電線の色別（絶縁被覆の色）は，次によること。
　　①電源からの接地側電線には，すべて**白色**を使用する。
　　②電源から点滅器までの非接地側電線には，すべて**黒色**を使用する。
　　③次の器具の端子には，**白色の電線**を結線する。
　　　・ランプレセプタクルの受金ねじ部の端子
　　　・引掛シーリングローゼットの接地側極端子（接地側と表示）

3．VVF 用ジョイントボックス部分を経由する電線は，その部分ですべて接続箇所を設け，接続方法は，次によること。
　　①A 部分は，リングスリーブによる接続とする。
　　②B 部分は，差込形コネクタによる接続とする。

ランプレセプタクルをよく見ると金属部分の形状が異なることに気づくだろう？
「W」の記載があるほうがランプの受け口になっているんだ。

候補問題No.1の材料写真　一式

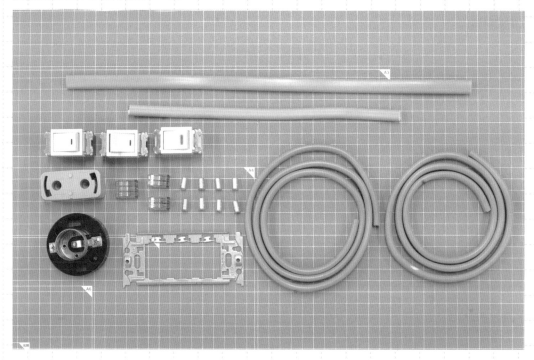

・EM-EEF2.0-2C（エコケーブル）：外装に「EM-EEF」の記載があるぞ！
⇒使用するのは、接続尺合わせて250mm（150+100）なので、もしそれに近い
長さで材料が用意されていれば、そのまま使用してOK（切断不要）だ！

・位置表示灯内蔵スイッチ（ホタルスイッチ）
　OFFの時に点灯しONにすると消灯する、場所を知らせるスイッチだ！

13ある候補問題について、試験当日の問題用紙は3ページにわたって①支給材料、
②候補問題配線図、③施工条件が記載されているぞ。
なお、支給材料に過不足がないかの確認時間が設けられているので、必ず支給材料
表を見て、過不足ないか確認するんだ！　追加支給受けられる材料（リングスリー
ブ、差込形コネクタ、ランプレセプタクル用止めねじ）以外は、追加支給できない
ので、要注意だ！
なお、練習する際には支給材料表に記載の尺でケーブルを切断し、器具をそろえて
時間を測って取り組んでみよう！最初は40分がとても短く感じるかもしれないが、
徐々に慣れてくると、時間内に作業ができるようになるはずだ！！

剥ぎ取り尺を頭に叩き込んで、いざ! 作業工程通りに作業を行え!!

　早速単位作業から始めるぞ。なお、該当箇所について電線接続を必要とする場合には、接続尺として＋100mm要することを忘れないでおくんだ!

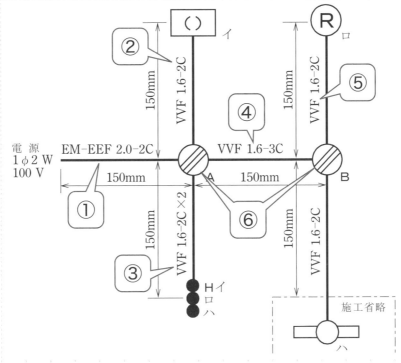

第**3**章

13 ある候補問題（課題）を自らの手で作り上げよう!!

【ケーブル外装・絶縁被覆　剥ぎ取り尺　一覧】

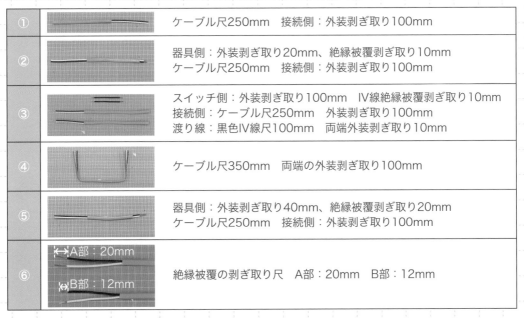

①		ケーブル尺250mm　接続側：外装剥ぎ取り100mm
②		器具側：外装剥ぎ取り20mm、絶縁被覆剥ぎ取り10mm ケーブル尺250mm　接続側：外装剥ぎ取り100mm
③		スイッチ側：外装剥ぎ取り100mm　IV線絶縁被覆剥ぎ取り10mm 接続側：ケーブル尺250mm　外装剥ぎ取り100mm 渡り線：黒色IV線尺100mm　両端外装剥ぎ取り10mm
④		ケーブル尺350mm　両端の外装剥ぎ取り100mm
⑤		器具側：外装剥ぎ取り40mm、絶縁被覆剥ぎ取り20mm ケーブル尺250mm　接続側：外装剥ぎ取り100mm
⑥	A部：20mm B部：12mm	絶縁被覆の剥ぎ取り尺　A部：20mm　B部：12mm

外装・IV線の絶縁被覆の剥ぎ取り尺を頭に入れたら、器具接続を行うぞ。
回路図に示した順番（①〜）で行うといいぞ!

① ・電源からのEM-EEF、施工省略の器具ハに接続するVVF1.6-2Cを剥ぎ取り＆出題寸法に合わせて切断する。

EM-EEF2.0-2C　VVF1.6-2C
尺250mm　外装剥ぎ100mm

② ・引掛シーリングを第2章No.10の手順で結線、出題寸法に合わせて切断する。
※「極」があるので、白線の結線位置に要注意だ！

引掛シーリングの施工

③-1 ・問題の単線図と同じ並びになるよう、連用取付枠に埋込器具を取り付ける。

3連器具を連用取付枠に設置

③-2 ・2心ケーブルの1本はホタルスイッチに、もう1本は両方の片切スイッチ（白線側）に結線。
※黒色渡り線は、反対側にそれぞれ接続する。

裏側に結線

④ ・ジョイントボックス間渡り線を出題寸法に合わせて切断し、ケーブル外装（両端）を規定寸法で剥ぎ取る。

VVF1.6-3Cを渡り線として加工

⑥
- ランプレセプタクルを第2章 No.13の手順で結線、出題寸法に合わせて切断する。
※「極」があるので、白線の結線位置に要注意だ!!

ランプレセプタクルの施工

⑥-1
- 結線した器具を配線図と同じ形になるよう並べる。

クリップがあると楽だ！

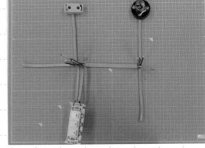

器具を配線図通り並べる

⑥-2
- 施工条件を確認し、絶縁被覆を規定寸法で剥ぎ取る。
リングスリーブ箇所：20mm
差込形コネクタ箇所：12mm

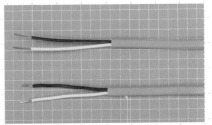

接続箇所のIV線の絶縁被覆を剥ぎ取り

⑦
- 心線の本数と太さに気を付けながら、ジョイントボックス内の接続を行う。

圧着接続ほか

第3章 13 ある候補問題（課題）を自らの手で作り上げよう！！

137

【完成施工写真】

候補問題No.1の完成写真

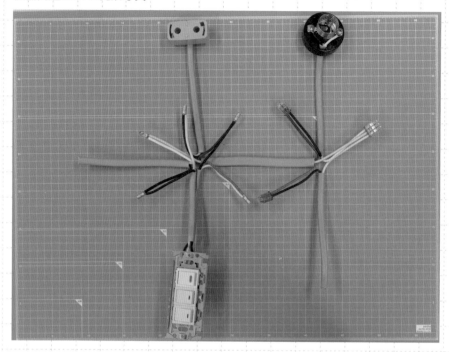

自ら作った完成作品を見て、今一度欠陥等が無いかチェックするんだ！　試験で欠陥と判定されやすい箇所について、以下まとめておくぞ。このような欠陥が無いように、十分注意するんだ！！

【候補問題No.01　欠陥判定となり易い注意ポイント！！】

①極性がある器具の接続間違い

　⇒ランプレセプタクルと引掛シーリングには「極」があるので、器具本体に「W」又は「接地側」の記載がある方に白線を結線するんだ！

②ねじ止め部の心線露出が5mm以上となっている。

　⇒露出が許されるのは2〜3mm程度だ。規定寸法を測ってしっかりと作業すれば、長さが過大になることはないぞ！

③電源の非接地側線（黒色線）の刻印ミス

　⇒2.0mm×1本と1.6mm×1本なので、「小」スリーブの「小」刻印だ。「○」じゃないぞ！

④配線接続間違い

　⇒器具3種（イ・ロ・ハ）の設置位置が誤っていないようにするんだ！！

【候補問題No.01の複線図】

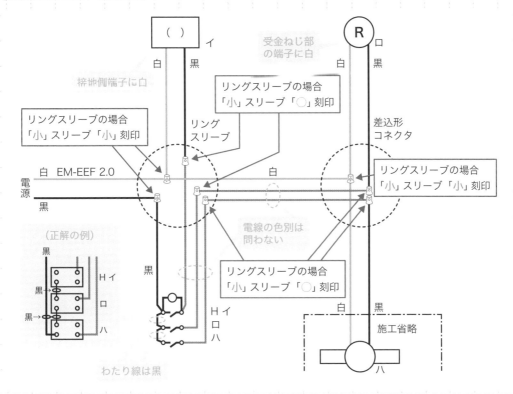

（注）上記は一例であり、スイッチの結線方法については、
これ以外にも正解となる結線方法がある。

 複線図を描かせる教え方が多いようだが、はっきり言って時間のムダだ！　俺が考えた、「国松式複線図絵描き歌」の一節を唱和しながら接続作業を行えば、面倒くさい複線図を描く必要ナッシングなんだ！！

 制限時間もありますし、無駄は排除ですね！　一応、電気の流れを確認するために、上記複線図を確認しておきます！！

候補問題 No.02の課題作成に挑戦しよう!!

動画はこちら！

候補問題No.02はスイッチと連動するパイロットランプ（3種類の接続がある）の施工と、コンセントの送り配線がある回路だ。連用取付枠の支給が1枚に対して、必要となる箇所は2カ所なので、施工条件を必ず確認して作業に取り組むんだ！！ 2連となっているコンセントの場合、上下の穴はつながっているので、渡り線が不要になることも忘れずにな！！

公表候補問題No.02　P2

　図に示す低圧屋内配線工事を与えられた全ての材料(予備品を除く)を使用し，〈 施工条件 〉に従って完成させなさい。
なお，
　1．ー・ー・ー で示した部分は施工を省略する。
　2．VVF用ジョイントボックス及びスイッチボックスは支給していないので，その取り付けは省略する。
　3．電線接続箇所のテープ巻きや絶縁キャップによる絶縁処理は省略する。
　4．作品は保護板（板紙）に取り付けないものとする。

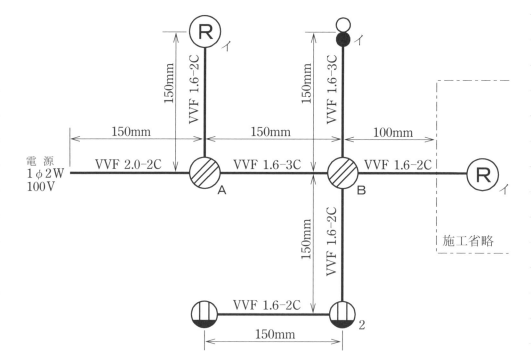

　注：1．図記号は，原則として JIS C 0303:2000に準拠している。
　　　　また，作業に直接関係のない部分等は省略又は簡略化してある。
　　　2．Ⓡは，ランプレセプタクルを示す。

公表候補問題No.02　P1&3

〈支給材料〉

材　料	
1．600V ビニル絶縁ビニルシースケーブル平形（シース青色），2.0mm，2 心，長さ約 250mm	1 本
2．600V ビニル絶縁ビニルシースケーブル平形，1.6mm，2 心，長さ約 1250mm ··········	1 本
3．600V ビニル絶縁ビニルシースケーブル平形，1.6mm，3 心，長さ約 800mm ··········	1 本
4．ランプレセプタクル（カバーなし）··	1 個
5．埋込連用タンブラスイッチ ··	1 個
6．埋込連用パイロットランプ ··	1 個
7．埋込コンセント（2 口）··	1 個
8．埋込連用コンセント ··	1 個
9．埋込連用取付枠 ··	1 枚
10．リングスリーブ（小）····························· （予備品を含む）5 個	
11．差込形コネクタ（3 本用）··	2 個
12．差込形コネクタ（4 本用）··	1 個
・受験番号札 ··	1 枚
・ビニル袋 ··	1 枚

<< 追加支給について >>
　ランプレセプタクル用端子ねじ，リングスリーブ及び差込形コネクタは，作業のやり直し等により不足が生じた場合，申し出（挙手をする）があれば追加支給します。

〈施工条件〉

1．配線及び器具の配置は，図に従って行うこと。

2．**確認表示灯（パイロットランプ）は，常時点灯とすること。**

3．電線の色別（絶縁被覆の色）は，次によること。
　①電源からの接地側電線には，すべて**白色**を使用する。
　②電源から点滅器，パイロットランプ及びコンセントまでの非接地側電線には，すべて**黒色**を使用する。
　③次の器具の端子には，**白色の電線**を結線する。
　　・コンセントの接地側極端子（Wと表示）
　　・ランプレセプタクルの受金ねじ部の端子

4．VVF 用ジョイントボックス部分を経由する電線は，その部分ですべて接続箇所を設け，接続方法は，次によること。
　①A 部分は，**リングスリーブによる接続**とする。
　②B 部分は，**差込形コネクタによる接続**とする。

5．埋込連用取付枠は，タンブラスイッチ及びパイロットランプ部分に使用すること。

候補問題No.02の材料写真　一式

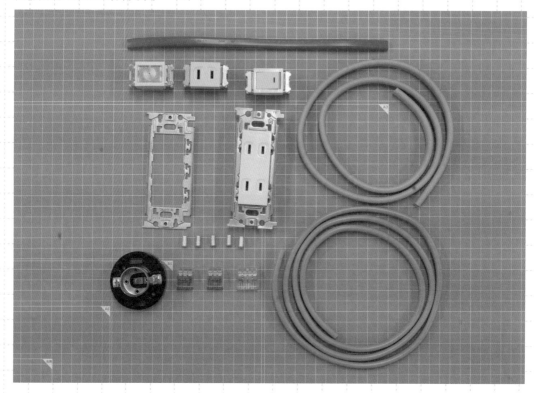

・埋込連用コンセント（2口）
⇒これまで見てきたのは、埋込連用取付枠と器具が別々の場合だが、このように2口一体となったものもあるぞ。なお、裏の結線穴は上下でつながっているので、どちらに差し込んでもOKだ！

・埋込連用パイロットランプ
⇒今回は「常時点灯」となるので、第1章No.08で見た通り電源と並列（直接）に接続するぞ！

支給材料表を見て過不足が無いか、必ず確認するんだ！　追加支給を受けられる材料（リングスリーブ、差込形コネクタ、ランプレセプタクル用止めねじ）以外は、追加支給できないので、要注意だ！

　候補問題No.02については、連用取付枠に取り付ける器具イ（ランプレセプタクル2カ所）のスイッチとパイロットランプの接続条件を必ず確認して欲しいぞ。概ね常時点灯での出題が多いが、同時点滅になる可能性もあるからだ！
　でも大丈夫！　もし忘れていたら、第1章No.08に戻って復習するんだ！！

剥ぎ取り尺を頭に叩き込んで、いざ！　作業工程通りに作業を行え!!

早速単位作業から始めるぞ。なお、該当箇所について電線接続を必要とする場合には、接続尺として＋100mm要することを忘れないでおくんだ！

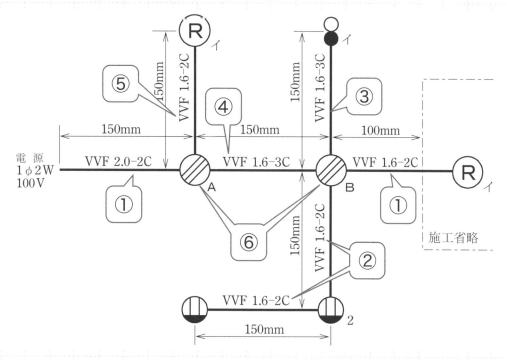

【ケーブル外装・絶縁被覆　剥ぎ取り尺　一覧】

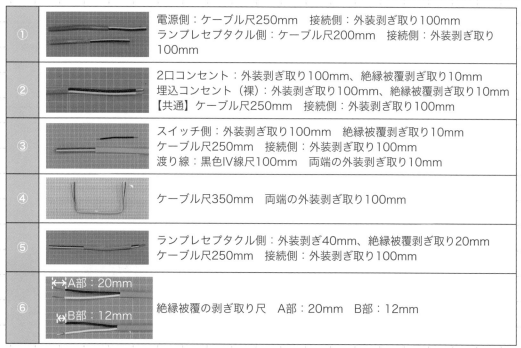

①		電源側：ケーブル尺250mm　接続側：外装剥ぎ取り100mm ランプレセプタクル側：ケーブル尺200mm　接続側：外装剥ぎ取り100mm
②		2口コンセント：外装剥ぎ取り100mm、絶縁被覆剥ぎ取り10mm 埋込コンセント（裸）：外装剥ぎ取り100mm、絶縁被覆剥ぎ取り10mm 【共通】ケーブル尺250mm　接続側：外装剥ぎ取り100mm
③		スイッチ側：外装剥ぎ取り100mm　絶縁被覆剥ぎ取り10mm ケーブル尺250mm　接続側：外装剥ぎ取り100mm 渡り線：黒色IV線尺100mm　両端の外装剥ぎ取り10mm
④		ケーブル尺350mm　両端の外装剥ぎ取り100mm
⑤		ランプレセプタクル側：外装剥ぎ40mm、絶縁被覆剥ぎ取り20mm ケーブル尺250mm　接続側：外装剥ぎ取り100mm
⑥		絶縁被覆の剥ぎ取り尺　A部：20mm　B部：12mm

ケーブル外装・IV線の絶縁被覆の剥ぎ取り尺を頭に入れたら、器具接続を行うぞ。
回路図に示した順番（①～）で行うといいぞ！

第3章　13 ある候補問題（課題）を自らの手で作り上げよう!!

① ・電源からのVVF2.0-2C、施工省略の器具イに接続するVVF1.6-2Cを剥ぎ取り＆出題寸法に合わせて切断する。

VVF2.0-2C　尺250mm
VVF1.6-2C　尺200mm
外装剥ぎ取り100mm（共通）

②-1 ・2口コンセントと埋込コンセントにVVFケーブルをそれぞれ結線し、規定寸法に合わせて切断する。
※「極」があるので、白線の結線位置に要注意だ！

2口コンセントと埋込コンセントの施工

②-2 ・配線図のように埋込コンセントは横から線を出し、②-1で結線したそれぞれの器具を接続する。

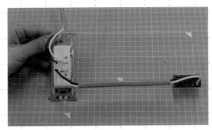

器具2つを結線する

③ ・連用取付枠にパイロットランプと片切スイッチを取り付け、VVFケーブルを結線して規定寸法で切断する。

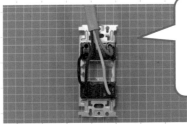

器具裏の結線のポイントは、複線図で説明するよ！

連用取付枠に器具2種を接続＆結線

④ ・ジョイントボックス間渡り線を出題寸法に合わせて切断し、ケーブル外装（両端）を規定寸法で剥ぎ取る。

VVF1.6-3Cを渡り線として加工

⑤ ランプレセプタクルを第2章
No.13の手順で結線、出題寸法
に合わせて切断する。
※「極」があるので、白線の結
線位置に要注意だ！

ランプレセプタクルの施工

⑥-1 結線した器具を配線図と同じ形
になるよう並べる。

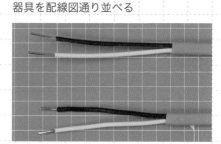
器具を配線図通り並べる

クリップがあると楽だ！

⑥-2 施工条件を確認し、絶縁被覆を
規定寸法で剥ぎ取る。
リングスリーブ箇所：20mm
差込形コネクタ箇所：12mm

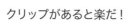
接続箇所のIV線の絶縁被覆を剥ぎ取り

⑦ 心線の本数と太さに気を付けな
がら、ジョイントボックス内の
接続を行う。

差込接続ほか

第**3**章

13 ある候補問題（課題）を自らの手で作り上げよう！！

【完成施工写真】

候補問題No.2の完成写真

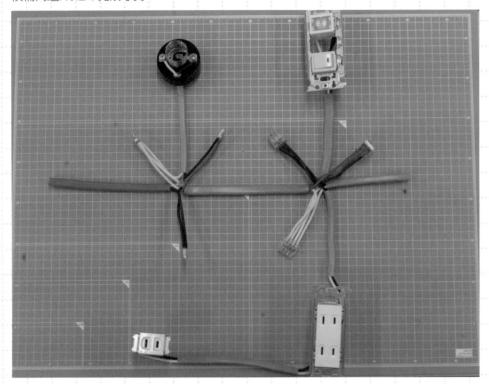

 これまで何度も言っているが、自ら作った完成作品を見て、今一度欠陥等が無いかチェックするんだ！　試験で欠陥と判定されやすい箇所について、以下まとめておくぞ。このような欠陥が無いように、十分注意するんだ！！

【候補問題No.02　欠陥判定となり易い注意ポイント！！】

①極性がある器具の接続間違い
　⇒ランプレセプタクルとコンセント2種には「極」があるので、器具本体に「W」又は「接地側」の記載がある方に白線を結線するんだ！

②ねじ止め部の心線露出が5mm以上となっている。
　⇒露出が許されるのは2〜3mm程度なので、規定寸法を測ってしっかり作業するんだ！

③電源側の非接地側線（黒）の刻印ミス
　⇒2.0mm×1本と渡り線からの1.6mm×1本なので、「小」スリーブの「小」刻印だ。刻印は「◯」じゃないぞ！

④埋込器具及び差込形コネクタへの差込不良（または心線の露出）
　⇒埋込器具は10mm、差込形コネクタは12mmの絶縁被覆剥ぎ取り尺を守り、奥までしっかり差し込むんだ！！

【候補問題No.02の複線図】

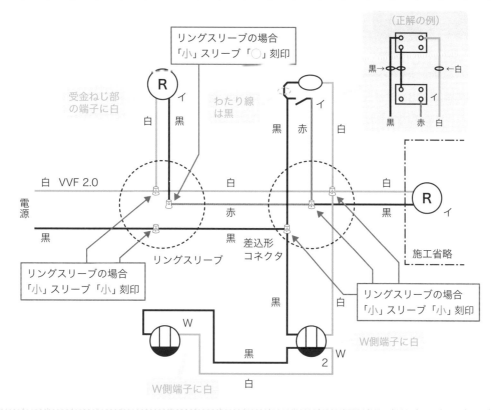

（注）上記は一例であり、スイッチ及びパイロットランプの結線方法については、
これ以外にも正解となる結線方法がある。

 リングスリーブ接続の場合、渡り線（赤線）と器具イ（黒線）の接続箇所だけ「小」
スリーブの「○」刻印なんですね！

 刻印を間違えないことも大事だが、ここでは①連用取付枠の設置箇所を間違えない
こと、②パイロットランプの常時点灯における渡り線接続（黒色線側に黒の渡り線、
白色線側に赤のケーブル線）を間違えないことに注意して欲しいぞ！！

候補問題 No.03の課題作成に 挑戦しよう!!

重要度：🔥🔥🔥

動画はこちら！

候補問題No.03はタイムスイッチ（TS）を端子台代用する回路だ。端子台については、施工条件を示す参考図や展開接続図が与えられるので、必ず、施工条件を確認するんだ！ 器具結線については候補問題No.01・No.02と同じだが、端子台に接続する引掛シーリング（角形）のケーブルを曲げているので、この部分を配線図通りに施工することを忘れないようにな！

公表候補問題No.03　P2

　　図に示す低圧屋内配線工事を与えられた全ての材料（予備品を除く）を使用し，< 施工条件 > に従って完成させなさい。

なお，

1．タイムスイッチは端子台で代用するものとする。
2．VVF用ジョイントボックス及びスイッチボックスは支給していないので，その取り付けは省略する。
3．電線接続箇所のテープ巻きや絶縁キャップによる絶縁処理は省略する。
4．作品は保護板（板紙）に取り付けないものとする。

図1．配線図

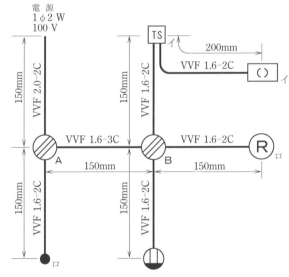

注：1．図記号は，原則として JIS C 0303:2000に準拠している。
　　　　また，作業に直接関係のない部分等は省略又は簡略化してある。
　　2．Ⓡは，ランプレセプタクルを示す。

図2．タイムスイッチ代用の端子台の説明図

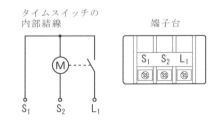

公表候補問題No.03　P1&3

〈支給材料〉

材　　　料	
1.　600V ビニル絶縁ビニルシースケーブル平形（シース青色），2.0mm，2 心，長さ約 250mm ‥	1 本
2.　600V ビニル絶縁ビニルシースケーブル平形，1.6mm，2 心，長さ約 1650mm ‥‥‥‥‥	1 本
3.　600V ビニル絶縁ビニルシースケーブル平形，1.6mm，3 心，長さ約 350mm ‥‥‥‥‥‥	1 本
4.　ランプレセプタクル（カバーなし）‥‥‥‥‥‥‥‥‥‥‥‥‥‥‥‥‥‥‥‥‥‥	1 個
5.　引掛シーリングローゼット（ボディ（角形）のみ）‥‥‥‥‥‥‥‥‥‥‥‥‥‥	1 個
6.　端子台（タイムスイッチの代用），3 極 ‥‥‥‥‥‥‥‥‥‥‥‥‥‥‥‥	1 個
7.　埋込連用タンブラスイッチ ‥‥‥‥‥‥‥‥‥‥‥‥‥‥‥‥‥‥‥‥‥‥	1 個
8.　埋込連用コンセント ‥‥‥‥‥‥‥‥‥‥‥‥‥‥‥‥‥‥‥‥‥‥‥‥‥	1 個
9.　埋込連用取付枠 ‥‥‥‥‥‥‥‥‥‥‥‥‥‥‥‥‥‥‥‥‥‥‥‥‥‥‥	1 枚
10.　リングスリーブ（小）‥‥‥‥‥‥‥‥‥‥‥‥‥‥‥‥‥（予備品を含む）‥	5 個
11.　差込形コネクタ（2 本用）‥‥‥‥‥‥‥‥‥‥‥‥‥‥‥‥‥‥‥‥‥‥‥	1 個
12.　差込形コネクタ（3 本用）‥‥‥‥‥‥‥‥‥‥‥‥‥‥‥‥‥‥‥‥‥‥‥	1 個
13.　差込形コネクタ（4 本用）‥‥‥‥‥‥‥‥‥‥‥‥‥‥‥‥‥‥‥‥‥‥‥	1 個
・　受験番号札 ‥‥‥‥‥‥‥‥‥‥‥‥‥‥‥‥‥‥‥‥‥‥‥‥‥‥‥‥‥	1 枚
・　ビニル袋 ‥‥‥‥‥‥‥‥‥‥‥‥‥‥‥‥‥‥‥‥‥‥‥‥‥‥‥‥‥‥	1 枚

《 追加支給について 》
　ランプレセプタクル用端子ねじ，リングスリーブ及び差込形コネクタは，作業のやり直し等により不足が生じた場合，申し出（挙手をする）があれば追加支給します。

〈施工条件〉

1．配線及び器具の配置は，**図1**に従って行うこと。

2．タイムスイッチ代用の端子台は，**図2**に従って使用すること。

3．電線の色別（絶縁被覆の色）は，次によること。
　　①電源からの接地側電線には，すべて**白色**を使用する。
　　②電源から点滅器，コンセント及びタイムスイッチまでの非接地側電線には，すべて**黒色**を使用する。
　　③次の器具の端子には，**白色の電線**を結線する。
　　　・コンセントの接地側極端子（**W**と表示）
　　　・ランプレセプタクルの受金ねじ部の端子
　　　・引掛シーリングローゼットの接地側極端子（接地側と表示）
　　　・タイムスイッチ（端子台）の記号 S_2 の端子

4．VVF 用ジョイントボックス部分を経由する電線は，その部分ですべて接続箇所を設け，接続方法は，次によること。
　　①A部分は，リングスリーブによる接続とする。
　　②B部分は，差込形コネクタによる接続とする。

5．埋込連用取付枠は，コンセント部分に使用すること。

候補問題No.03の材料写真　一式

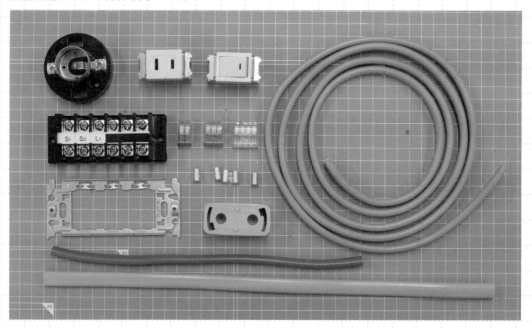

・端子台（タイムスイッチの代用）
⇒候補問題No.03以外にも、端子台を代替使用する問題はいくつかあるんだ。施工
　条件（白線を結線する端子番号はどこか）などを、必ず、確認するんだ！

・埋込連用コンセントと引掛シーリング（角形）
⇒共に「極性」のある器具だ。器具裏面に記載されている「W」又は「接地側」を
　確認し、該当箇所には白線（接地側線）を結線するんだ！

候補問題No.03で初めて登場するのが、タイムスイッチの代用端子台だ。極性のあ
る器具のような分かり易い表示（「W」又は「N」）が無いので、端子台に貼られて
いる端子番号シールと施工条件を必ず確認して、作業してくれよ！！
それ以外を見ると、これまでに取り組んできた候補問題No.01・No.02と同じ器具
が出題されていることが分かるはずだ。そう、基本となる単位作業は多くの課題で
共通しており、「施工寸法や条件を守っているかどうか」。出題者が試したい所は、
ココなんだ！　なお、連用取付枠の支給1枚に対して、埋込器具は2カ所あるから、
この点の施工条件を確認することも忘れずにな！！

剝ぎ取り尺を頭に叩き込んで、いざ！　作業工程通りに作業を行え!!

早速単位作業から始めるぞ。なお、該当箇所について電線接続を必要とする場合には、接続尺として＋100mm要することを忘れないでおくんだ！

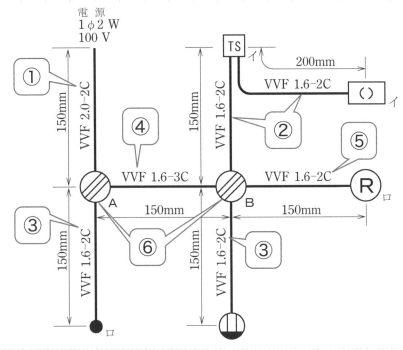

【ケーブル外装・絶縁被覆　剝ぎ取り尺　一覧】

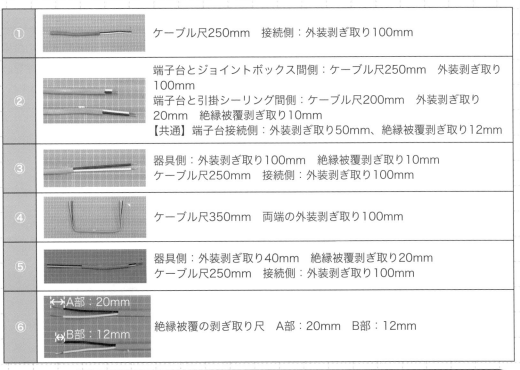

①		ケーブル尺250mm　接続側：外装剝ぎ取り100mm
②		端子台とジョイントボックス間側：ケーブル尺250mm　外装剝ぎ取り100mm 端子台と引掛シーリング間側：ケーブル尺200mm　外装剝ぎ取り20mm　絶縁被覆剝ぎ取り10mm 【共通】端子台接続側：外装剝ぎ取り50mm、絶縁被覆剝ぎ取り12mm
③		器具側：外装剝ぎ取り100mm　絶縁被覆剝ぎ取り10mm ケーブル尺250mm　接続側：外装剝ぎ取り100mm
④		ケーブル尺350mm　両端の外装剝ぎ取り100mm
⑤		器具側：外装剝ぎ取り40mm　絶縁被覆剝ぎ取り20mm ケーブル尺250mm　接続側：外装剝ぎ取り100mm
⑥	A部：20mm B部：12mm	絶縁被覆の剝ぎ取り尺　A部：20mm　B部：12mm

一番最初は、①電源からのVVF2.0-2Cの作業だが、これは何度もやっているので省略するぞ。ケーブル尺250mm、ジョイント部の外装を100mm！　剝ぎ取ればOKだ！

第**3**章　13　ある候補問題（課題）を自らの手で作り上げよう!!

①-1
- 引掛シーリングを第2章No.10の手順で結線、出題寸法に合わせて切断する。
  ※「極」があるので、白線の結線位置に要注意だ！

引掛シーリングの施工

①-2
- 端子台を第2章No.10の手順で結線、出題寸法に合わせて切断する。
  ※あらかじめねじを緩めておき、S2は仮止めでOKだ！

端子台の施工

IV線はねじの左側に差し込もう！

①-3
- 引掛シーリングを端子台に接続する。
  ※施工条件よりS2を白色線とすること！ねじはしっかり本締めするのを忘れずに！！

引掛シーリングを接続
※ケーブルは緩やかに曲げる

引掛けシーリングからのIV線はねじの右側に差し込もう！

②
- 連用取付枠にコンセントを取り付ける。
- スイッチとコンセントをそれぞれVVFケーブルで結線して、規定寸法で切断する。

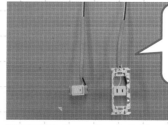
連用取付枠とコンセントと裸スイッチの結線・切断作業

連用取付枠の設置は、施工条件を必ず確認しよう！

③
- ジョイントボックス間渡り線を出題寸法に合わせて切断し、ケーブル外装（両端）を規定寸法で剥ぎ取る。

VVF1.6-3Cを渡り線として加工

④
- ランプレセプタクルを第2章 No.13の手順で結線、出題寸法に合わせて切断する。
※「極」があるので、白線の結線位置に要注意だ！

ランプレセプタクルの施工

⑤-1
- 結線した器具を配線図と同じ形になるよう並べる。

クリップがあると楽だ！

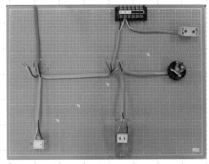

器具を配線図通り並べる

⑤-2
- 施工条件を確認し、絶縁被覆を規定寸法で剥ぎ取る。
リングスリーブ箇所：20mm
差込形コネクタ箇所：12mm

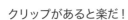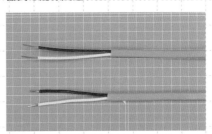

接続箇所のIV線の絶縁被覆を剥ぎ取り

⑥
- 心線の本数と太さに気を付けながら、ジョイントボックス内の接続を行う。

圧着接続ほか

第
3
章

13 ある候補問題（課題）を自らの手で作り上げよう！！

153

候補問題No.3の完成写真

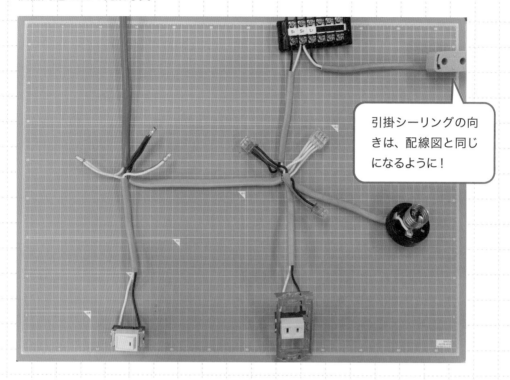

引掛シーリングの向
きは、配線図と同じ
になるように！

これまで何度も言っているが、自ら作った完成作品を見て、今一度欠陥等が無いか
チェックするんだ！　試験で欠陥と判定されやすい箇所について、以下まとめてお
くぞ。このような欠陥が無いように、十分注意するんだ！！

【候補問題No.03　欠陥判定となり易い注意ポイント！！】
①極性がある器具の接続間違い
　⇒ランプレセプタクルとコンセント、引掛シーリングには「極」があるので、器具本体に「W」又
　　は「接地側」の記載がある方に白線を結線するんだ！
②ねじ止め部の心線露出が5mm以上となっている。
　⇒露出が許されるのは2〜3mm程度なので、規定寸法を測ってしっかり作業するんだ！
③電源側の接地側線（白）の刻印ミス
　⇒2.0mm×1本と渡り線からの1.6mm×1本なので、「小」スリーブの「小」刻印だ。刻印は「○」
　　じゃないぞ！
④埋込器具及び差込形コネクタへの差込不良（または心線の露出）
　⇒埋込器具は10mm、差込形コネクタは12mmの絶縁被覆剥ぎ取り尺を守り、奥までしっかり差し
　　込むんだ！！

【候補問題No.03の複線図】

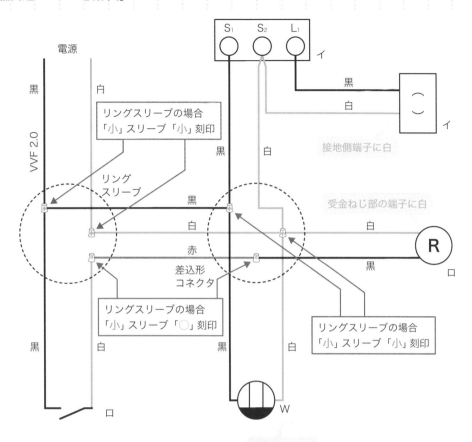

候補問題No.02同様にリングスリーブ接続の場合、渡り線（赤線）とスイッチロの白線、器具口の黒線の接続箇所は「小」スリーブの「○」刻印なんですね！

刻印を間違えないことも大事だが、ここでは①連用取付枠の設置箇所を間違えないこと、②端子台接続における施工条件（白線はどの端子か）の確認を忘れないで欲しいぞ！　1つの端子に2本線を差すので、差し込む位置は、問題の配線図の位置関係で確認するんだ！

No.
21
/30

候補問題
No.04の課題作成に
挑戦しよう!!

重要度：🔥🔥🔥

動画はこちら！

候補問題No.04は2種類の電源（単相2線式、三相3線式）を端子台代用する回路だ。器具毎に接続ケーブル長が異なっており、これまで見てきた問題の中で最も曲線部が多く、施工条件をしっかり確認、規定寸法通りに作業を行うことが重要になってくるぞ。とはいえ、単位作業はこれまで見てきた内容と同じだ。自分なりの手順で確実に取り組んでいくんだ！！

公表候補問題No.04　P2

　　　　図に示す低圧屋内配線工事を与えられた全ての材料（予備品を除く）を使用し、＜ 施工条件 ＞ に従って完成させなさい。
　　　なお、
　　　1．配線用遮断器及び漏電遮断器（過負荷保護付）は、端子台で代用するものとする。
　　　2．ーーーー で示した部分は施工を省略する。
　　　3．VVF用ジョイントボックス及びスイッチボックスは支給していないので、その取り付けは省略する。
　　　4．電線接続箇所のテープ巻きや絶縁キャップによる絶縁処理は省略する。
　　　5．作品は保護板（板紙）に取り付けないものとする。

図1．配線図

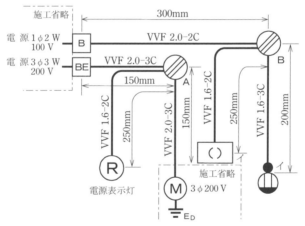

注：1．図記号は、原則として JIS C 0303：2000に準拠している。
　　　　また、作業に直接関係のない部分等は省略又は簡略化してある。
　　2．Ⓡは、ランプレセプタクルを示す。

図2．配線用遮断器及び漏電遮断器代用の端子台の説明図

端子台

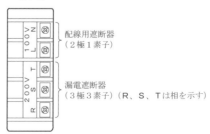

配線用遮断器
（2極1素子）

漏電遮断器
（3極3素子）（R、S、Tは相を示す）

公表候補問題No.04　P1&3

〈支給材料〉

材　　料	
1.　600V ビニル絶縁ビニルシースケーブル平形（シース青色），2.0mm，2心，長さ約450mm ‥	1本
2.　600V ビニル絶縁ビニルシースケーブル平形（シース青色），2.0mm，3心，長さ約550mm ‥	1本
3.　600V ビニル絶縁ビニルシースケーブル平形，1.6mm，2心，長さ約850mm ‥‥‥‥‥‥‥	1本
4.　600V ビニル絶縁ビニルシースケーブル平形，1.6mm，3心，長さ約500mm ‥‥‥‥‥‥‥	1本
5.　端子台（配線用遮断器及び漏電遮断器（過負荷保護付）の代用），5極 ‥‥‥‥	1個
6.　ランプレセプタクル（カバーなし） ‥‥‥‥‥‥‥‥‥‥‥‥‥‥‥‥‥‥‥‥	1個
7.　引掛シーリングローゼット（ボディ（角形）のみ） ‥‥‥‥‥‥‥‥‥‥‥‥	1個
8.　埋込連用タンブラスイッチ ‥‥‥‥‥‥‥‥‥‥‥‥‥‥‥‥‥‥‥‥‥‥‥	1個
9.　埋込連用コンセント ‥‥‥‥‥‥‥‥‥‥‥‥‥‥‥‥‥‥‥‥‥‥‥‥‥‥	1個
10.　埋込連用取付枠 ‥‥‥‥‥‥‥‥‥‥‥‥‥‥‥‥‥‥‥‥‥‥‥‥‥‥‥‥	1枚
11.　リングスリーブ（小） ‥‥‥‥‥‥‥‥‥‥‥‥‥‥‥‥‥（予備品を含む）	5個
12.　差込形コネクタ（2本用） ‥‥‥‥‥‥‥‥‥‥‥‥‥‥‥‥‥‥‥‥‥‥‥	1個
13.　差込形コネクタ（3本用） ‥‥‥‥‥‥‥‥‥‥‥‥‥‥‥‥‥‥‥‥‥‥‥	2個
・　受験番号札 ‥‥‥‥‥‥‥‥‥‥‥‥‥‥‥‥‥‥‥‥‥‥‥‥‥‥‥‥‥‥	1枚
・　ビニル袋 ‥‥‥‥‥‥‥‥‥‥‥‥‥‥‥‥‥‥‥‥‥‥‥‥‥‥‥‥‥‥‥	1枚

《 追加支給について 》

　ランプレセプタクル用端子ねじ，リングスリーブ及び差込形コネクタは，作業のやり直し等により不足が生じた場合，申し出（挙手をする）があれば追加支給します。

〈施工条件〉

1．配線及び器具の配置は，**図1**に従って行うこと。

2．配線用遮断器及び漏電遮断器代用の端子台は，**図2**に従って使用すること。

3．三相電源の**S相**は接地されているものとし，電源表示灯は，**S相とT相間**に接続すること。

4．電線の色別（絶縁被覆の色）は，次によること。
　　① 100V回路の電源からの接地側電線には，すべて**白色**を使用する。
　　② 100V回路の電源から点滅器及びコンセントまでの非接地側電線には，すべて**黒色**を使用する。
　　③ 200V回路の電源からの配線には，**R相に赤色，S相に白色，T相に黒色**を使用する。
　　④次の器具の端子には，**白色の電線**を結線する。
　　　・コンセントの接地側極端子（Wと表示）
　　　・ランプレセプタクルの受金ねじ部の端子
　　　・引掛シーリングローゼットの接地側極端子（接地側と表示）
　　　・配線用遮断器（端子台）の記号Nの端子

5．VVF用ジョイントボックス部分を経由する電線は，その部分ですべて接続箇所を設け，接続方法は，次によること。
　　①A部分は，**差込形コネクタによる接続**とする。
　　②B部分は，**リングスリーブによる接続**とする。

候補問題No.04の材料写真　一式

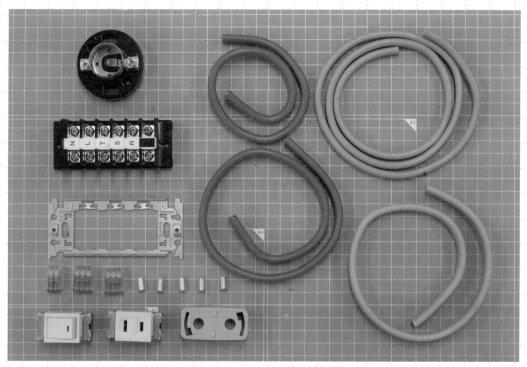

・端子台（配線用遮断器及び漏電遮断器の代用）
⇒端子台に貼付されているシールと施工条件を見て、必ず接続位置を間違えないようにするんだ！！

・埋込連用コンセントと引掛シーリング（角形）の裏、ランプレセプタクル
⇒3器具とも「極性」があるので、器具記載の「W」又は「接地側」を確認し、該当箇所には白線（接地側線）を結線するんだ！

候補問題No.04は先ほど学習した候補問題No.03と同じ端子台が出題されているんだ。ただし、差込口が3口の漏電遮断器部分と、2口の配線用遮断器部分に分かれているので、必ず施工条件を確認してから、作業に取り掛かってくれよ！　なお、各器具に接続するケーブル長が、これまで見てきた候補問題に比べてバラバラになっているので、長さを間違えないように、慎重に課題に取り組んでほしいぞ！！

連用取付枠1枚に対して埋込器具は1カ所だから、器具を配線図通りに配置して取り付けるようにしようね！！

➡ 剥ぎ取り尺を頭に叩き込んで、いざ！ 作業工程通りに作業を行え!!

早速単位作業から始めるぞ。なお、該当箇所について電線接続を必要とする場合には、接続尺として＋100mm要することを忘れないでおくんだ！

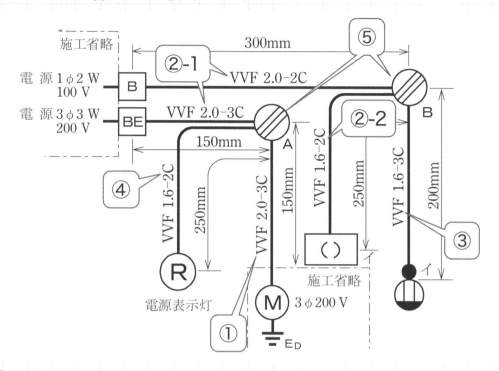

【ケーブル外装・絶縁被覆　剥ぎ取り尺　一覧】

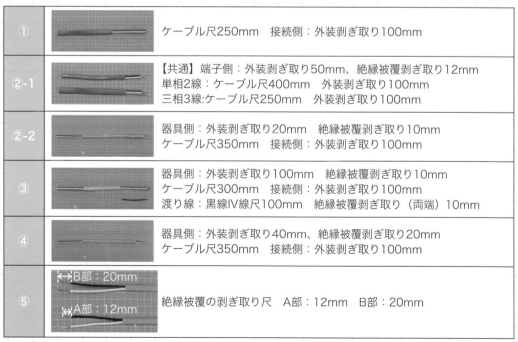

①		ケーブル尺250mm　接続側：外装剥ぎ取り100mm
②-1		【共通】端子側：外装剥ぎ取り50mm、絶縁被覆剥ぎ取り12mm 単相2線：ケーブル尺400mm　外装剥ぎ取り100mm 三相3線:ケーブル尺250mm　外装剥ぎ取り100mm
②-2		器具側：外装剥ぎ取り20mm　絶縁被覆剥ぎ取り10mm ケーブル尺350mm　接続側：外装剥ぎ取り100mm
③		器具側：外装剥ぎ取り100mm　絶縁被覆剥ぎ取り10mm ケーブル尺300mm　接続側：外装剥ぎ取り100mm 渡り線：黒線IV線尺100mm　絶縁被覆剥ぎ取り（両端）10mm
④		器具側：外装剥ぎ取り40mm、絶縁被覆剥ぎ取り20mm ケーブル尺350mm　接続側：外装剥ぎ取り100mm
⑤	B部：20mm A部：12mm	絶縁被覆の剥ぎ取り尺　A部：12mm　B部：20mm

> これまで見てきた候補問題の中で最も形が屈曲しているので、しっかりと寸法を測り、配線図と同じ形になるように器具及びケーブルを結線するんだ！！

（縦書き右側）第3章　13 ある候補問題（課題）を自らの手で作り上げよう！！

① ・施工省略となる電動機に接続するVVF2.0-3Cを、出題寸法に合わせて切断し、外装を剥ぎ取る。

VVF2.0-3C　尺250mm　外装剥ぎ取り100mm

②-1 ・端子台を第2章No.10の手順で結線、出題寸法に合わせて切断する。
※あらかじめねじを緩めておこう！　結線位置も要注意！

端子1つに1線なので、左右どちらに差し込んでもOKだ！

端子台の施工

②-2 ・引掛シーリングを第2章No.10の手順で結線、出題寸法に合わせて切断する。
※「極」があるので、白線の結線位置に要注意だ！

配線図と同じように曲げておこう！

引掛シーリングの施工

③ ・連用取付枠にコンセントとスイッチを取り付け、VVF1.6-3Cを結線する。
※渡り線は必ず黒色線を使用するんだ！

取付位置は上・下だ！間違えないように！！

連用取付枠への取り付け・結線作業

④ ・ランプレセプタクルを第2章No.13の手順で結線、出題寸法に合わせて切断する。
※「極」があるので、白線の結線位置に要注意だ！

ランプレセプタクルの施工

クリップがあると楽だ！

⑤-1
- 結線した器具を配線図と同じ形になるよう並べる。

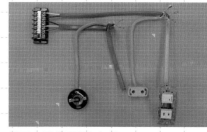

器具を配線図通りに並べる

⑤-2
- 施工条件を確認し、絶縁被覆を規定寸法で剥ぎ取る。
  リングスリーブ箇所：20mm
  差込形コネクタ箇所：12mm

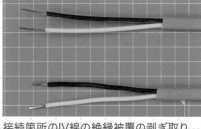

接続箇所のIV線の絶縁被覆の剥ぎ取り

⑤-3
- 心線の本数と太さに気を付けながら、ジョイントボックス内の接続を行う。

差込接続ほか

候補問題No.04は回路内ケーブルの屈曲部が多いので、少し接続が難しいと感じる受験生が多いようだな。その場合だが、ここでは1度でやる方法を教示しているが、単相2線式回路（ジョイントボックスB）を先に並べてから接続を行い、その後で形を整えてから三相3線式回路（ジョイントボックスA）を並べて接続する方法でもOKだ！　君にとってやり易い方法を選んでくれ！！

第3章

13 ある候補問題（課題）を自らの手で作り上げよう！！

161

【完成施工写真】

候補問題No.04の完成写真

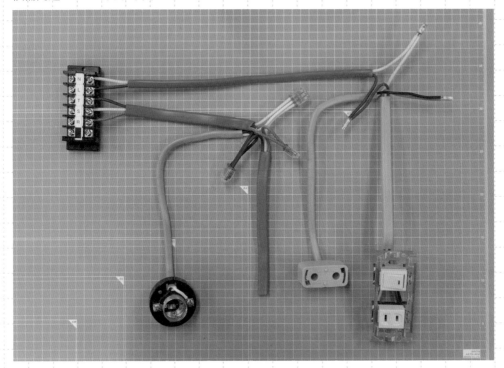

 これまで何度も言っているが、自ら作った完成作品を見て、今一度欠陥等が無いかチェックするんだ！ 試験で欠陥と判定されやすい箇所について、以下まとめておくぞ。このような欠陥が無いように、十分注意するんだ！！

【候補問題No.04　欠陥判定となり易い注意ポイント！！】

①極性がある器具の接続間違い

②ねじ止め部の心線露出が5mm以上となっている。
　⇒耳にタコができるほど聞いていると思うが、間違えていないかチェックだ！

③電源側の非接地側線（黒）の刻印ミス
　⇒2.0mm×1本と器具からの1.6mm×1本なので、「小」スリーブの「小」刻印だ。刻印は「○」
　　じゃないぞ！

④埋込器具及び差込形コネクタへの差込不良（または心線の露出）
　⇒埋込器具は10mm、差込形コネクタは12mmの絶縁被覆剥ぎ取り尺を守り、奥までしっかり差し
　　込むんだ！！

⑤端子台への結線（線色）ミス
　⇒R相とT相、配線用遮断器への結線色間違いが無いよう、施工条件を必ず確認だ！

【候補問題No.04の複線図】

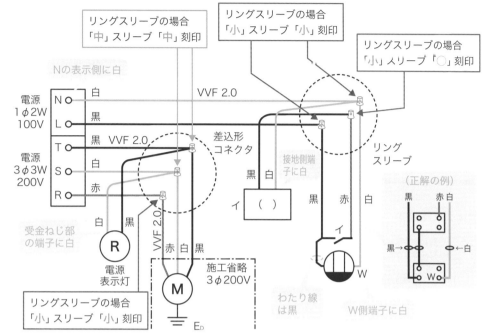

（注）上記は一例であり、スイッチ及びコンセントの結線方法については、
これ以外にも正解となる結線方法があります。

 今回は差込形コネクタとなっているジョイントボックスAがリングスリーブ接続になる場合は、ややっこしい感じになりそうですね！

 そうだな。R相（赤線）は小スリーブ小刻印だが、S・T相（白黒線）は、中スリーブ「中」刻印になるので、要注意と言えるな！　なお、配線図が全体的に屈曲も多いので、形を整えて綺麗な回路図に仕上げよう！　試験は採点する人が採点し易いように！　仕事も試験も、相手への気遣いや配慮が大事だ！　完成品を綺麗にして、見やすくするのもマナーだぞ！！

第

3

章

13 ある候補問題（課題）を自らの手で作り上げよう！！

No.
22
/30

候補問題
No.05の課題作成に
挑戦しよう!!

重要度：🔥🔥🔥

動画はこちら！

候補問題No.05は2種類の電源（100V・200V）を端子台代用する回路で、先ほど学習した候補問題No.04に似た構造となっているぞ。単位作業はこれまで見てきた内容と同じなので、自分なりの手順で取り組んでくれよ！　なお、200V回路の接地線（緑色）の取付が、ここで初めて出題されているので、よーく確認しておくんだ！！

公表候補問題No.05　P2

　　　図に示す低圧屋内配線工事を与えられた全ての材料（予備品を除く）を使用し、< 施工条件 > に従って完成させなさい。
なお、
　1．配線用遮断器，漏電遮断器（過負荷保護付）及び接地端子は，端子台で代用するものとする。
　2．━・━・━ で示した部分は施工を省略する。
　3．VVF用ジョイントボックス及びスイッチボックスは支給していないので，その取り付けは省略する。
　4．電線接続箇所のテープ巻きや絶縁キャップによる絶縁処理は省略する。
　5．作品は保護板（板紙）に取り付けないものとする。

図1．配線図

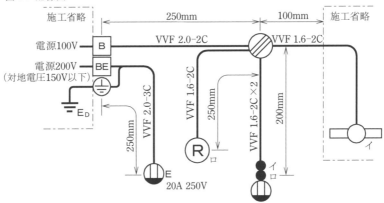

注：1．図記号は，原則として JIS C 0303:2000に準拠している。
　　　また，作業に直接関係のない部分等は省略又は簡略化してある。
　　2．Ⓡは，ランプレセプタクルを示す。

図2．配線用遮断器，漏電遮断器及び接地端子代用の端子台の説明図

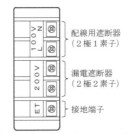

公表候補問題No.05　P1&3

〈支給材料〉

材　　　料	
1.　600V ビニル絶縁ビニルシースケーブル平形（シース青色），2.0mm　2心，長さ約350mm ‥	1本
2.　600V ビニル絶縁ビニルシースケーブル平形，2.0mm，3心，長さ約350mm ‥‥‥‥‥‥‥	1本
3.　600V ビニル絶縁ビニルシースケーブル平形，1.6mm，2心，長さ約1650mm ‥‥‥‥‥‥	1本
4.　端子台（配線用遮断器，漏電遮断器（過負荷保護付）及び接地端子の代用），5極 ‥‥‥	1個
5.　ランプレセプタクル（カバーなし） ‥‥‥‥‥‥‥‥‥‥‥‥‥‥‥‥‥‥‥‥‥‥‥‥	1個
6.　埋込連用タンブラスイッチ ‥‥‥‥‥‥‥‥‥‥‥‥‥‥‥‥‥‥‥‥‥‥‥‥‥‥‥	2個
7.　埋込コンセント（20A250V接地極付） ‥‥‥‥‥‥‥‥‥‥‥‥‥‥‥‥‥‥‥‥‥	1個
8.　埋込連用コンセント ‥‥‥‥‥‥‥‥‥‥‥‥‥‥‥‥‥‥‥‥‥‥‥‥‥‥‥‥‥	1個
9.　埋込連用取付枠 ‥‥‥‥‥‥‥‥‥‥‥‥‥‥‥‥‥‥‥‥‥‥‥‥‥‥‥‥‥‥‥	1枚
10.　リングスリーブ（小） ‥‥‥‥‥‥‥‥‥‥‥‥‥‥‥‥（予備品を含む）5個	
11.　差込形コネクタ（4本用） ‥‥‥‥‥‥‥‥‥‥‥‥‥‥‥‥‥‥‥‥‥‥‥‥‥‥	1個
・　受験番号札 ‥‥‥‥‥‥‥‥‥‥‥‥‥‥‥‥‥‥‥‥‥‥‥‥‥‥‥‥‥‥‥‥‥	1枚
・　ビニル袋 ‥‥‥‥‥‥‥‥‥‥‥‥‥‥‥‥‥‥‥‥‥‥‥‥‥‥‥‥‥‥‥‥‥‥	1枚

<< 追加支給について >>

　ランプレセプタクル用端子ねじ，リングスリーブ及び差込形コネクタは，作業のやり直し等により不足が生じた場合，申し出（挙手をする）があれば追加支給します。

〈施工条件〉

1．配線及び器具の配置は，**図1**に従って行うこと。
　　なお，「ロ」のタンブラスイッチは，取付枠の中央に取り付けること。

2．配線用遮断器，漏電遮断器及び接地端子代用の端子台は，**図2**に従って使用すること。

3．電線の色別（絶縁被覆の色）は，次によること。
　　①電源からの接地側電線には，すべて**白色**を使用する。
　　② 100V回路の電源から点滅器及びコンセントまでの非接地側電線には，すべて**黒色**を使用する。
　　③接地線には，**緑色**を使用する。
　　④次の器具の端子には，**白色の電線**を結線する。
　　　・コンセントの接地側極端子（Wと表示）
　　　・ランプレセプタクルの受金ねじ部の端子
　　　・配線用遮断器（端子台）の記号Nの端子

4．VVF用ジョイントボックス部分を経由する電線は，その部分ですべて接続箇所を設け，接続方法は，次によること。
　　①4本の接続箇所は，**差込形コネクタによる接続**とする。
　　②その他の接続箇所は，**リングスリーブによる接続**とする。

候補問題No.05の材料写真　一式

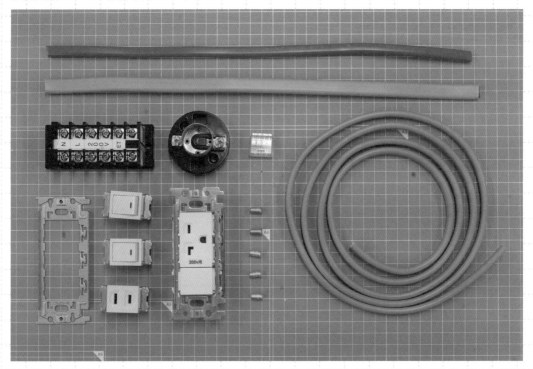

・端子台（100Vおよび200V回路の代用）
⇒端子台に貼付されているシールと施工条件を見て、必ず接続位置を間違えないようにするんだ！！

・埋込コンセント（20A250V接地極付）
⇒器具裏面を見ると、接地端子の図記号の記載があるぞ。ここに接地線を差し込むが、穴位置はどちらでも大丈夫だ！

・VVF2.0-2C（シース青）とVVF2.0-3C（IV線が黒・赤・緑）
⇒同じ太さだが、心線数が異なるうえ、使用箇所が違うぞ。間違えないように！

候補問題No.05は先ほど学習した候補問題No.04と同じ端子台が出題されているんだ。電源が2種（100Vと200V）になるので、端子台に貼付されているシール記号と施工条件を必ず確認してくれよ！　間違っても100Vと200Vを逆にすることはないようにな！！

連用取付枠に設置する3連器具の結線も、候補問題No.01で一度見ましたね！　複雑に見える部分も、「国松式複線図絵描き歌」を使って、順次攻略していこうね！！

剝ぎ取り尺を頭に叩き込んで、いざ！ 作業工程通りに作業を行え！！

早速単位作業から始めるぞ。なお、該当箇所について電線接続を必要とする場合には、接続尺として＋100mm要することを忘れないでおくんだ！

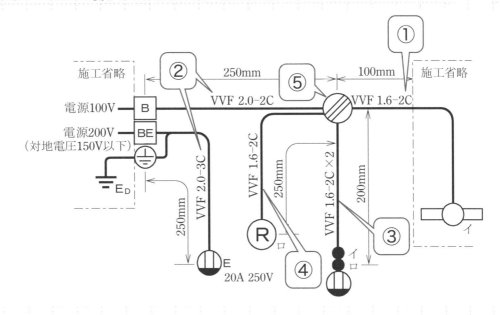

【ケーブル外装・絶縁被覆　剝ぎ取り尺　一覧】

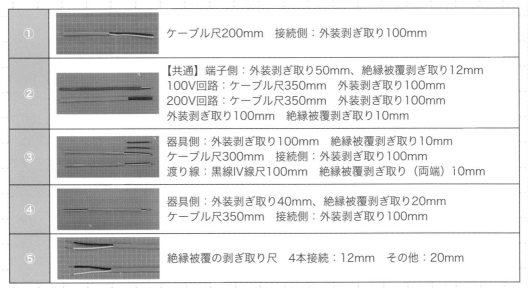

①		ケーブル尺200mm　接続側：外装剝ぎ取り100mm
②		【共通】端子側：外装剝ぎ取り50mm、絶縁被覆剝ぎ取り12mm 100V回路：ケーブル尺350mm　外装剝ぎ取り100mm 200V回路：ケーブル尺350mm　外装剝ぎ取り100mm 外装剝ぎ取り100mm　絶縁被覆剝ぎ取り10mm
③		器具側：外装剝ぎ取り100mm　絶縁被覆剝ぎ取り10mm ケーブル尺300mm　接続側：外装剝ぎ取り100mm 渡り線：黒線IV線尺100mm　絶縁被覆剝ぎ取り（両端）10mm
④		器具側：外装剝ぎ取り40mm、絶縁被覆剝ぎ取り20mm ケーブル尺350mm　接続側：外装剝ぎ取り100mm
⑤		絶縁被覆の剝ぎ取り尺　4本接続：12mm　その他：20mm

 候補問題No.04に似ている回路なので、復習と思って取り組むんだ！　なお、3連器具への結線は候補問題No.01でも触れているので、忘れていたら戻って復習するんだ！！

① • 施工省略となる蛍光灯イに接続するVVF1.6-2Cを、出題寸法に合わせて切断し、外装を剥ぎ取る。

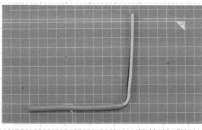

VVF1.6-2C 尺200mm 外装剥ぎ取り 100mm

② • 端子台を第2章No.10の手順で結線、出題寸法に合わせて切断する。
※あらかじめねじを緩めておこう！ 結線位置も要注意！

端子台の施工

端子1つに1線なので、左右どちらに差し込んでもOKだ！

③-1 • 200V接地極付コンセントにVVF2.0-3Cを出題寸法に合わせて接続する。

200Vコンセントの施工

配線図と同じように曲げておこう！赤と黒の線はどちらでもOKだよ！

③-2 • 連用取付枠にコンセントスイッチを取り付け、VVF1.6-2Cと渡り線を結線し、規定寸法で切断する。
※渡り線は必ず黒色線を使用するんだ！

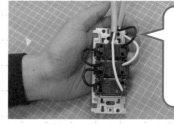

連用取付枠への取り付け・結線作業

ケーブルの1本はコンセントへ、もう1本は上下のスイッチに接続だ。

④ • ランプレセプタクルを第2章No.13の手順で結線、出題寸法に合わせて切断する。
※「極」があるので、白線の結線位置に要注意だ！

ランプレセプタクルの施工

クリップがあると楽だ！

⑤-1

• 結線した器具を配線図と同じ形
になるよう並べる。

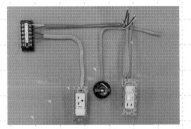

器具を配線図通りに並べる

⑤-2

• 施工条件を確認し、絶縁被覆を
規定寸法で剥ぎ取る。
リングスリーブ箇所：20mm
差込形コネクタ箇所：12mm

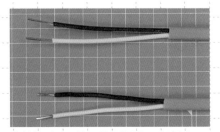

接続箇所のIV線の絶縁被覆の剥ぎ取り

⑤-3

• 心線の本数と太さに気を付けな
がら、ジョイントボックス内の
接続を行う。

圧着接続ほか

候補問題No.05はこれまでと異なり、1つのジョイントボックス内で接続法が異なる
施工条件となっているぞ。こういう場合は、間違えないようにするため、「国松式複
線図絵描き歌」で接続を事前に確認しよう！

「塩昆布〜」だから、電源からの白線と負荷（器具ロ・イ、コンセント）の4本接続
となる箇所は、差込形コネクタで12mmでIV線の絶縁被覆の剥ぎ取りですね！

【完成施工写真】

候補問題No.5の完成写真

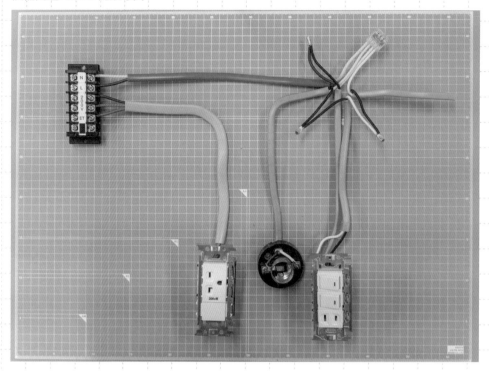

これまで何度も言っているが、自ら作った完成作品を見て、今一度欠陥等が無いかチェックするんだ！　試験で欠陥と判定されやすい箇所について、以下まとめておくぞ。このような欠陥が無いように、十分注意するんだ！！

【候補問題No.05　欠陥判定となり易い注意ポイント！！】
①極性がある器具の接続間違い　②ねじ止め部の心線露出が5mm以上となっている。
　⇒耳にタコができるほど聞いていると思うが、間違えていないかチェックだ！
③電源側の非接地側線（黒）の刻印ミス
　⇒2.0mm×1本とコンセントからの黒線1.6mm×1本なので、「小」スリーブの「小」刻印だ。刻印は「○」じゃないぞ！　なお、スイッチと負荷の結線は、「小」スリーブの「○」刻印になるので、要注意だ！！
④埋込器具及び差込形コネクタへの差込不良（または心線の露出）
　⇒埋込器具は10mm、差込形コネクタは12mmの剥ぎ取り尺だ。
⑤施工省略器具イと器具口の配線誤接続
　⇒うっかりやりがちなので、必ず配線図を確認して器具を並べてから接続するんだ！

【候補問題No.05の複線図】

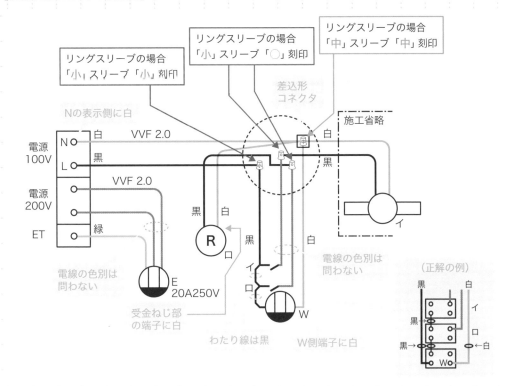

リングスリーブの場合「小」スリーブ「小」刻印
リングスリーブの場合「小」スリーブ「○」刻印
リングスリーブの場合「中」スリーブ「中」刻印
差込形コネクタ
施工省略
Nの表示側に白
電源100V N 白 VVF 2.0 白
黒 L
電源200V VVF 2.0
ET 緑
電線の色別は問わない
受金ねじ部の端子に白
わたり線は黒
W側端子に白
電線の色別は問わない
E 20A250V
（正解の例）

（注）上記は一例であり、スイッチ及びコンセントの結線方法については、これ以外にも正解となる結線方法があります。

候補問題No.05はこれまでの課題に比べて、接続箇所が少ないですが、1つのジョイントボックス内で接続施工条件が異なるので、間違えないようにしないとですね！！

その通りだな。今回は4本接続を差込形コネクタとしているが、これがリングスリーブ接続になると、「中」スリーブ「中」刻印になるので、注意して欲しいところだ！くどいようだが、連用取付枠に3連器具を取り付ける場合の器具裏結線は、「国松式複線図絵描き歌」で攻略してくれよ！！

第3章 13 ある候補問題（課題）を自らの手で作り上げよう！！

候補問題 No.06の課題作成に挑戦しよう!!

動画はこちら！

候補問題No.06は3路スイッチと露出形コンセントが初登場となる回路だ。これまで施工の中心だったランプレセプタクルと同様に、露出形コンセントも輪作りを行って結線するが、接続する剥ぎ取り尺が異なるので、気を付けてほしいぞ！　3路スイッチは、電源側の非接地線（黒線）を結線するのがどちらのスイッチになるか、施工条件をよーく確認しておくんだ！！

公表候補問題No.06　P2

　図に示す低圧屋内配線工事を与えられた全ての材料（予備品を除く）を使用し、〈 **施工条件** 〉に従って完成させなさい。

なお、

1. ――・――で示した部分は施工を省略する。
2. VVF 用ジョイントボックス及びスイッチボックスは支給していないので、その取り付けは省略する。
3. 電線接続箇所のテープ巻きや絶縁キャップによる絶縁処理は省略する。
4. 作品は保護板（板紙）に取り付けないものとする。

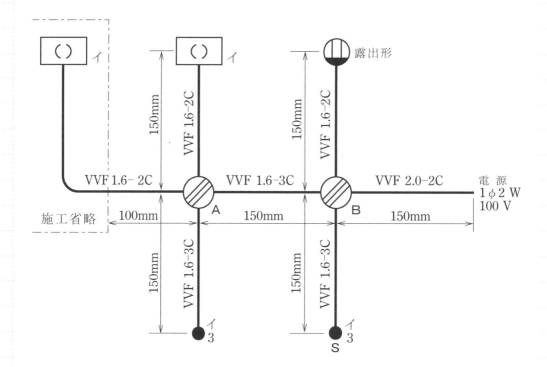

　注：図記号は、原則として JIS C 0303:2000 に準拠している。
　　　また、作業に直接関係のない部分等は省略又は簡略化してある。

公表候補問題No.06　P1&3

〈支給材料〉

材　　　料		
1.	600V ビニル絶縁ビニルシースケーブル平形（シース青色），2.0mm，2心，長さ約350mm	1 本
2.	600V ビニル絶縁ビニルシースケーブル平形，1.6mm，2心，長さ約850mm	1 本
3.	600V ビニル絶縁ビニルシースケーブル平形，1.6mm，3心，長さ約1050mm	1 本
4.	露出形コンセント（カバーなし）	1 個
5.	引掛シーリングローゼット（ボディ（角形）のみ）	1 個
6.	埋込連用タンブラスイッチ（3路）	2 個
7.	埋込連用取付枠	2 枚
8.	リングスリーブ（小）　（予備品を含む）	6 個
9.	差込形コネクタ（2本用）	2 個
10.	差込形コネクタ（3本用）	2 個
・	受験番号札	1 枚
・	ビニル袋	1 枚

《　追加支給について　》

　　露出形コンセント用端子ねじ，リングスリーブ及び差込形コネクタは，作業のやり直し等により不足が生じた場合，申し出（挙手をする）があれば追加支給します。

〈施工条件〉

1．配線及び器具の配置は，図に従って行うこと。

2．3路スイッチの配線方法は，次によること。
　　3路スイッチの記号「0」の端子には電源側又は負荷側の電線を結線し，記号「1」と「3」の
　　端子にはスイッチ相互間の電線を結線する。

3．電線の色別（絶縁被覆の色）は，次によること。
　　①電源からの接地側電線には，すべて**白色**を使用する。
　　②電源から3路スイッチ S 及び露出形コンセントまでの非接地側電線には，すべて**黒色**を使用
　　　する。
　　③次の器具の端子には，**白色の電線**を結線する。
　　　・露出形コンセントの接地側極端子（Wと表示）
　　　・引掛シーリングローゼットの接地側極端子（接地側と表示）

4．VVF 用ジョイントボックス部分を経由する電線は，その部分ですべて接続箇所を設け，接続
　　方法は，次によること。
　　①A部分は，**差込形コネクタによる接続**とする。
　　②B部分は，**リングスリーブによる接続**とする。

5．露出形コンセントへの結線は，ケーブルを挿入した部分に近い端子に行うこと。

候補問題No.06の材料写真　一式

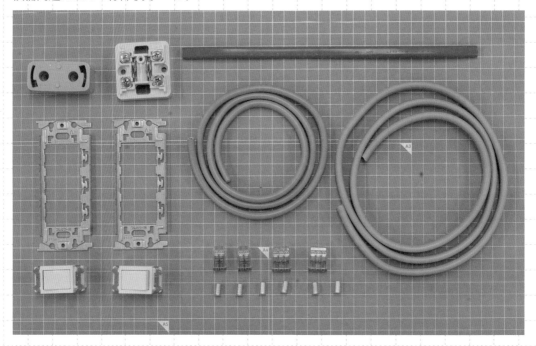

・露出形コンセント
⇒これまでランプレセプタクルの施工が続いたが、もう1つの露出形器具がここで登場だ。コンセントには「極」があるので、「W」の記載がある方に接地側電線（白線）を結線するんだ！！

・3路スイッチ（器具の表裏の両方）
⇒この後学習する候補問題No.07の4路スイッチ同様、パッと見は判別がつかないが、器具裏面を見ると、スイッチ番号（0・1・3）の記載があるぞ！

候補問題No.06はこれまで学習してきた単位作業にプラスして、初登場となる露出形コンセントと3路スイッチの接続が出題されているぞ。連用取付枠が2枚支給に対して、埋込器具（3路スイッチ）が2個なので、裸になる器具はないことになるな！なお、3路スイッチの0番差込口に結線する黒線については、施工条件及び配線図に記載されている内容を必ず確認してくれよ！「S」の記載がある3路スイッチに、電源側非接地線（黒線）を結線するんだ！！

露出形コンセントへの結線は、ランプレセプタクルほど出題されていないので、剥ぎ取り・接続寸法を混同しないように気を付けようね！！

➡ 剥ぎ取り尺を頭に叩き込んで、いざ! 作業工程通りに作業を行え!!

早速単位作業から始めるぞ。なお、該当箇所について電線接続を必要とする場合には、接続尺として＋100mm要することを忘れないでおくんだ!

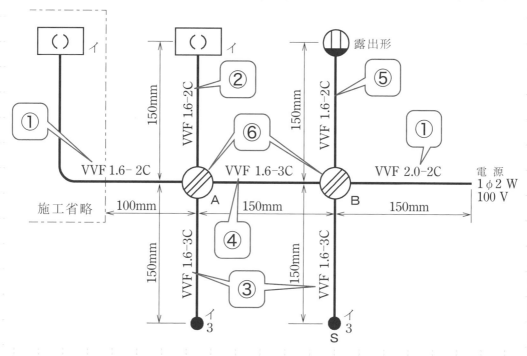

【ケーブル外装・絶縁被覆　剥ぎ取り尺　一覧】

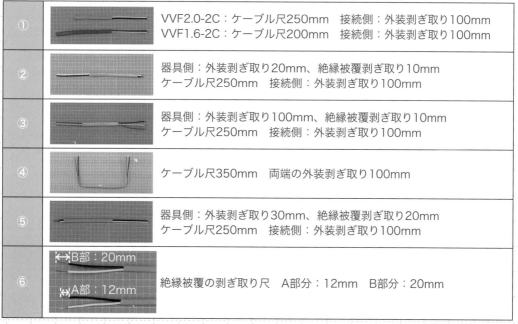

①		VVF2.0-2C：ケーブル尺250mm　接続側：外装剥ぎ取り100mm VVF1.6-2C：ケーブル尺200mm　接続側：外装剥ぎ取り100mm
②		器具側：外装剥ぎ取り20mm、絶縁被覆剥ぎ取り10mm ケーブル尺250mm　接続側：外装剥ぎ取り100mm
③		器具側：外装剥ぎ取り100mm、絶縁被覆剥ぎ取り10mm ケーブル尺250mm　接続側：外装剥ぎ取り100mm
④		ケーブル尺350mm　両端の外装剥ぎ取り100mm
⑤		器具側：外装剥ぎ取り30mm、絶縁被覆剥ぎ取り20mm ケーブル尺250mm　接続側：外装剥ぎ取り100mm
⑥		絶縁被覆の剥ぎ取り尺　A部分：12mm　B部分：20mm

配線図の形は候補問題No.01に似ている回路なので、復習と思って取り組むんだ!
3路スイッチの結線は同じ尺で揃えると共に、露出形コンセントの結線寸法（剥ぎ取り尺）には、十分に注意してくれよ!!

① • 施工省略となる器具イに接続するVVF1.6-2Cと電源線のVVF、2.0-2Cを出題寸法に合わせて切断し、外装を剥ぎ取る。

VVF2.0-2C　尺250mm
VVF1.6-2C　尺200mm
外装剥ぎ取り100mm（共通）

② • 引掛シーリングを第2章No.10の手順で結線、出題寸法に合わせて切断する。
※「極」があるので、白線の結線位置に要注意だ！

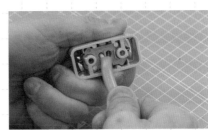

引掛シーリングの施工

③-1 • 連用取付枠に3路スイッチを取り付ける。
※取付位置は中央だ！　間違えないように！

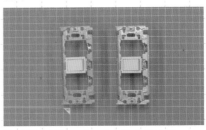

取付枠に3路スイッチを取り付ける

③-2 • 3路スイッチにVVF1.6-3Cを結線し、規定寸法で切断する。
※0には黒線を結線するが、1・3は赤白どちらでもOKだ。2器具で共通するようにしてくれよ！

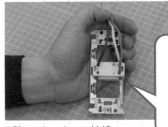

3路スイッチへの結線

「0」には黒線を、「1・3」は2台共に同色線を結線するんだ！

④ • ジョイントボックス間渡り線を出題寸法に合わせて切断し、ケーブル外装（両端）を規定寸法で剥ぎ取る。

渡り線の施工

⑤

- 露出形コンセントをNo.13の手順で結線、出題寸法に合わせて切断する。
  ※「極」があるので、白線の結線位置に要注意だ！

露出形コンセントの施工

⑥-1

- 結線した器具を配線図と同じ形になるよう並べ、施工条件を確認し、絶縁被覆を規定寸法で剥ぎ取る。
  リングスリーブ箇所：20mm
  差込形コネクタ箇所：12mm

クリップがあると楽だ！

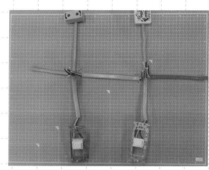

器具を配線図通りに並べる

⑥-2

- 心線の本数と太さに気を付けながら、ジョイントボックス内の接続を行う。

圧着接続ほか

3路スイッチや4路スイッチがある場合も、その接続は「国松式複線図絵描き歌」で攻略できるぞ！「同じモノ同士で結ばれる、上上/下下〜♪」だ！

「1と1、3と3」 同じモノ同士を結線するんですね！ 渡り線の色は不問ですが、赤の渡り線に赤の線として一方を統一すると分かり易いかもしれないですね！

第**3**章

13 ある候補問題（課題）を自らの手で作り上げよう！！

【完成施工写真】

候補問題No.06の完成写真

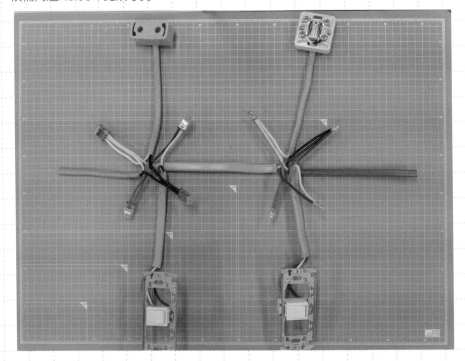

 これまで何度も言っているが、自ら作った完成作品を見て、今一度欠陥等が無いかチェックするんだ！ 試験で欠陥と判定されやすい箇所について、以下まとめておくぞ。このような欠陥が無いように、十分注意するんだ！！

【候補問題No.06　欠陥判定となり易い注意ポイント！！】

①極性がある器具の接続間違い　②ねじ止め部の心線露出が5mm以上となっている。
　⇒耳にタコができるほど聞いていると思うが、間違えていないかチェックだ！

③3路スイッチへの器具結線誤り
　⇒「0」端子には共通して黒線を差し込むぞ。「1」・「3」端子には赤・白のどちらの線を結線しても
　　OKだが、2器具で共通となるようにしてくれよ！

④露出形コンセントの外装（シース）が面位置にない又は台座の中に入っていない。
　⇒接続することに精いっぱいで、まれに台座の穴位置を通していない欠陥が見られるぞ！ 落ち着
　　いて、一つ一つの作業を丁寧に行うことで防ぐんだ！！

⑤埋込器具及び差込形コネクタへの差込不良（または心線の露出）
　⇒埋込器具は10mm、差込形コネクタは12mmの剥ぎ取りで接続するんだ！

【候補問題No.06複線図】

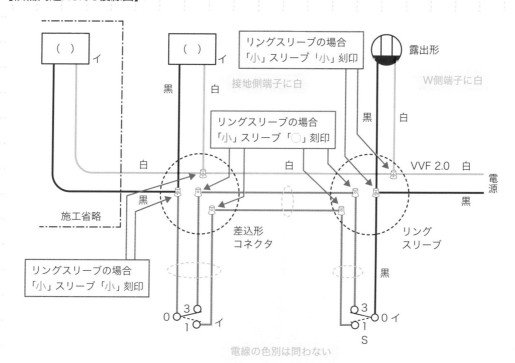

候補問題No.06最大のポイントは、3路スイッチの結線を間違えないことだ！　施工条件を確認すると共に、「0」端子に黒線、「1・3」端子は2つの3路スイッチで同色の線を結線するんだ。

器具裏結線とジョイントボックス内の接続は、「国松式複線図絵描き歌」で問題無く攻略できますね！　複線図を描く時間はもったいないっていう、先輩のアドバイスが最高です！！　とはいえ今は勉強なので、必ず復習と知識定着のため、電気の経路をなぞって複線図絵描き歌の意味を頭の中に叩き込んでおきます！

候補問題
No.07の課題作成に
挑戦しよう!!

動画はこちら！

候補問題No.07はアウトレットボックスと4路スイッチが初登場となる回路だ。アウトレットボックス周りの作業はゴムブッシングの取り付けのみなのでそこまで時間を要さないはずだ。4路スイッチは2つの3路スイッチの間に挟んで設置するが、この結線作業についても、「国松式複線図絵描き歌」の一節を唱えれば、簡単に攻略できるはずだ！

公表候補問題No.07　P2

　図に示す低圧屋内配線工事を与えられた全ての材料（予備品を除く）を使用し，〈 施工条件 〉に従って完成させなさい。

なお，

1．　——・——・—— で示した部分は施工を省略する。
2．　VVF 用ジョイントボックス及びスイッチボックスは支給していないので，その取り付けは省略する。
3．　電線接続箇所のテープ巻きや絶縁キャップによる絶縁処理は省略する。
4．　作品は保護板（板紙）に取り付けないものとする。

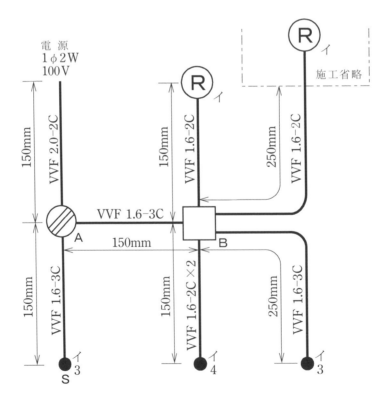

注：1．図記号は，原則として JIS C 0303：2000 に準拠している。
　　　また，作業に直接関係のない部分等は省略又は簡略化してある。
　　2．Ⓡ は，ランプレセプタクルを示す。

公表候補問題No.07　P1&3

〈支給材料〉

材　　　料		
1．600V ビニル絶縁ビニルシースケーブル平形（シース青色），2.0mm，2 心，長さ約 250mm ‥		1 本
2．600V ビニル絶縁ビニルシースケーブル平形，1.6mm，2 心，長さ約 1400mm ‥‥‥‥‥‥		1 本
3．600V ビニル絶縁ビニルシースケーブル平形，1.6mm，3 心，長さ約 1150mm ‥‥‥‥‥‥		1 本
4．ジョイントボックス（アウトレットボックス）（19mm 3 箇所，25mm 2 箇所　ノックアウト打抜き済み）‥		1 個
5．ランプレセプタクル（カバーなし）‥‥‥‥‥‥‥‥‥‥‥‥‥‥‥‥‥‥‥‥‥‥‥		1 個
6．埋込連用タンブラスイッチ（3 路）‥‥‥‥‥‥‥‥‥‥‥‥‥‥‥‥‥‥‥‥‥‥‥		2 個
7．埋込連用タンブラスイッチ（4 路）‥‥‥‥‥‥‥‥‥‥‥‥‥‥‥‥‥‥‥‥‥‥‥		1 個
8．埋込連用取付枠 ‥‥‥‥‥‥‥‥‥‥‥‥‥‥‥‥‥‥‥‥‥‥‥‥‥‥‥‥‥‥‥		1 枚
9．ゴムブッシング（19）‥‥‥‥‥‥‥‥‥‥‥‥‥‥‥‥‥‥‥‥‥‥‥‥‥‥‥‥		3 個
10．ゴムブッシング（25）‥‥‥‥‥‥‥‥‥‥‥‥‥‥‥‥‥‥‥‥‥‥‥‥‥‥‥		2 個
11．リングスリーブ（小）‥‥‥‥‥‥‥‥‥‥‥‥‥‥‥‥‥‥（予備品を含む）6 個		
12．差込形コネクタ（2 本用）‥‥‥‥‥‥‥‥‥‥‥‥‥‥‥‥‥‥‥‥‥‥‥‥‥		4 個
13．差込形コネクタ（3 本用）‥‥‥‥‥‥‥‥‥‥‥‥‥‥‥‥‥‥‥‥‥‥‥‥‥		2 個
・　受験番号札 ‥‥‥‥‥‥‥‥‥‥‥‥‥‥‥‥‥‥‥‥‥‥‥‥‥‥‥‥‥‥‥‥		1 枚
・　ビニル袋 ‥‥‥‥‥‥‥‥‥‥‥‥‥‥‥‥‥‥‥‥‥‥‥‥‥‥‥‥‥‥‥‥‥		1 枚

<< 追加支給について >>
　ランプレセプタクル用端子ねじ，リングスリーブ及び差込形コネクタは，作業のやり直し等により不足が生じた場合，申し出（挙手をする）があれば追加支給します。

〈施工条件〉

1．配線及び器具の配置は，図に従って行うこと。

2．3 路スイッチ及び 4 路スイッチの配線方法は，次によること。
　①3 箇所のスイッチをそれぞれ操作することによりランプレセプタクルを点滅できるようにする。
　②3 路スイッチの記号「0」の端子には電源側又は負荷側の電線を結線し，記号「1」と「3」の端子には 4 路スイッチとの間の電線を結線する。

3．ジョイントボックス（アウトレットボックス）は，打抜き済みの穴だけをすべて使用すること。

4．電線の色別（絶縁被覆の色）は，次によること。
　①電源からの接地側電線には，すべて白色を使用する。
　②電源から 3 路スイッチ S までの非接地側電線には，黒色を使用する。
　③ランプレセプタクルの受金ねじ部の端子には，白色の電線を結線する。

5．VVF 用ジョイントボックス A 部分及びジョイントボックス B 部分を経由する電線は，その部分ですべて接続箇所を設け，接続方法は，次によること。
　①A 部分は，リングスリーブによる接続とする。
　②B 部分は，差込形コネクタによる接続とする。

6．埋込連用取付枠は，4 路スイッチ部分に使用すること。

候補問題No.07の材料写真　一式

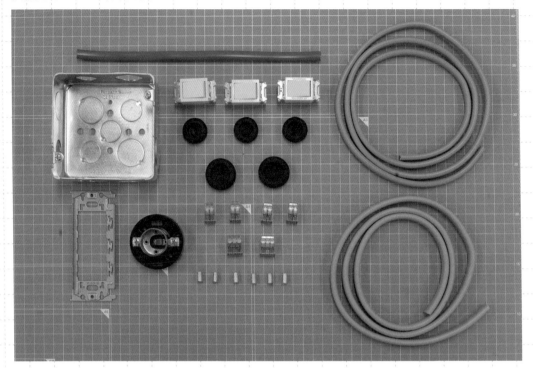

・アウトレットボックス
⇒使用する穴位置については、貫通処理してあるので、配線図の形に合わせてアウ
　トレットボックスの向きを決めるんだ！

・3路、4路スイッチ（器具の表裏の両方）
⇒パッと見は判別がつかないが、器具裏面を見ると、3路スイッチには「0・1・3」、
　4路スイッチには「1・3、2・4」の記載があるぞ！

候補問題No.07は、候補問題No.06の派生問題として、4路スイッチが追加された
回路になるぞ。また、これまでは施工省略となるジョイントボックス内での接続を
想定した作業が続いていたが、これ以後はアウトレットボックスの施工も課題とし
て出てくるんだ。候補問題No.07は電線管の接続作業が無いので、必要な貫通孔箇
所にゴムブッシングを取り付けるのみなのでそこまで難儀しないはずだ。なお、4
路スイッチと3路スイッチの接続は、俺の提唱する「国松式複線図絵描き歌」で攻
略できるぞ！

3路スイッチの0番差込口に結線する黒線については、施工条件及び配線図に記載
されている内容を必ず確認しよう！「S」の記載がある3路スイッチに、電源側非接
地線（黒線）を結線するんだよ！！

➡ 剥ぎ取り尺を頭に叩き込んで、いざ！ 作業工程通りに作業を行え!!

課題作成もここが折り返し地点だ！ くどいようだが、ボックス内で電線接続を必要とする場合には、接続尺として＋100mm要することを忘れないでおくんだ！

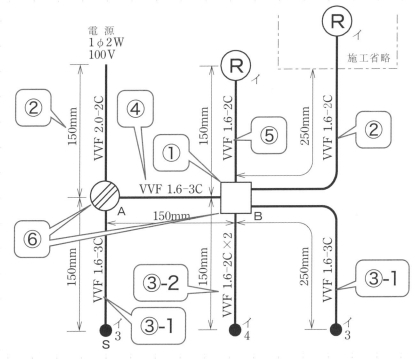

【ケーブル外装・絶縁被覆 剥ぎ取り尺 一覧】※①はアウトレットボックスを示している

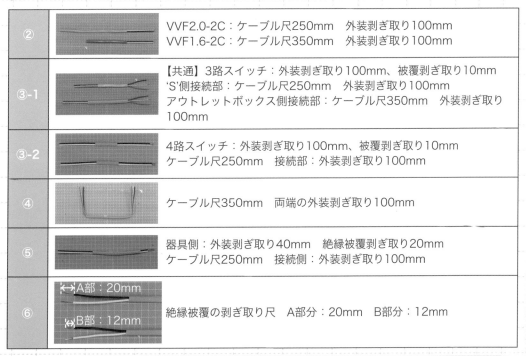

②		VVF2.0-2C：ケーブル尺250mm 外装剥ぎ取り100mm VVF1.6-2C：ケーブル尺350mm 外装剥ぎ取り100mm
③-1		【共通】3路スイッチ：外装剥ぎ取り100mm、被覆剥ぎ取り10mm 'S'側接続部：ケーブル尺250mm 外装剥ぎ取り100mm アウトレットボックス側接続部：ケーブル尺350mm 外装剥ぎ取り100mm
③-2		4路スイッチ：外装剥ぎ取り100mm、被覆剥ぎ取り10mm ケーブル尺250mm 接続部：外装剥ぎ取り100mm
④		ケーブル尺350mm 両端の外装剥ぎ取り100mm
⑤		器具側：外装剥ぎ取り40mm 絶縁被覆剥ぎ取り20mm ケーブル尺250mm 接続側：外装剥ぎ取り100mm
⑥	A部：20mm B部：12mm	絶縁被覆の剥ぎ取り尺 A部分：20mm B部分：12mm

配線図の形は候補問題No.06に似ている回路なので、復習と思って取り組むんだ！
3路スイッチのケーブル尺が異なるので、間違えないようにしてくれよ!!

① • 第2章No.14を参考に、アウトレットボックスに十字に切り込みを入れたゴムブッシングを取り付ける。

配線図通りに施工するため、穴位置は要確認だ！

アウトレットボックスにゴムブッシングを取り付け

② • 施工省略となる器具イに接続するVVF1.6-2Cと電源線のVVF2.0-2Cを出題寸法に合わせて切断し、外装を剥ぎ取る。

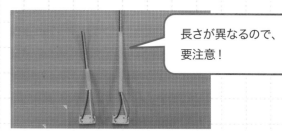

VVF1.6-2Cは配線図通り曲げておこう！

VVF1.6-2C　尺350mm
VVF2.0-2C　尺250mm
外装剥ぎ取り100mm（共通）

③-1 • 3路スイッチにVVF1.6-3Cを結線し、規定寸法で切断する。
※「0」には黒線を結線するが、1・3は赤白どちらでもOKだ。2器具で同じになるように！

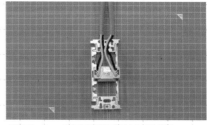

長さが異なるので、要注意！

2つの3路スイッチに、それぞれケーブルを結線

③-2 • 4路スイッチを連用取付枠に設置し、VVF1.6-2Cを結線し、規定寸法で切断する。
※2本のケーブルの線色は、上上/下下と同じになるように！

4路スイッチを連用取付枠に設置し、ケーブルを結線

④ • ジョイントボックス間渡り線を出題寸法に合わせて切断し、ケーブル外装（両端）を規定寸法で剥ぎ取る。

渡り線の施工

⑤
- ランプレセプタクルを第2章 No.13の手順で結線、出題寸法に合わせて切断する。
  ※「極」があるので、白線の結線位置に要注意だ！

ランプレセプタクルの施工

⑥-1
- 結線した器具を配線図と同じ形になるよう並べ、施工条件を確認し、絶縁被覆を規定寸法で剥ぎ取る。
  リングスリーブ箇所：20mm
  差込形コネクタ箇所：12mm

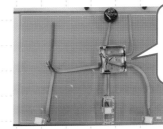

ボックス部は孔にケーブルを通すので、整形が楽だ！

器具を配線図通りに並べる

⑥-2
- 心線の本数と太さに気を付けながら、ジョイントボックス内の接続を行う。

圧着接続ほか

候補問題No.06でも触れたが、3路・4路スイッチがある場合の接続は、「国松式複線図絵描き歌」で攻略できるぞ！「同じモノ同士で結ばれる、上上/下下〜♪」だ！

4路スイッチの「1・3」は電源側3路スイッチの「1・3」と、他方については、4路スイッチの「2・4」と3路スイッチの「1・3」で接続するんですね！

第3章

13 ある候補問題（課題）を自らの手で作り上げよう！！

185

【完成施工写真】

候補問題No.07の完成写真

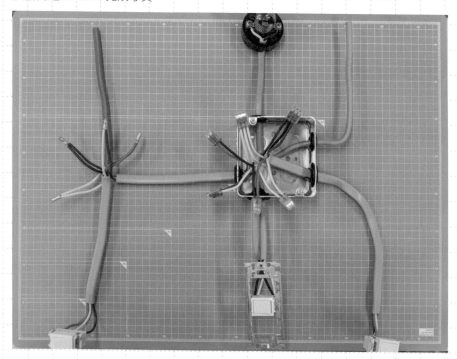

 これまで何度も言っているが、自ら作った完成作品を見て、今一度欠陥等が無いかチェックするんだ！　試験で欠陥と判定されやすい箇所について、以下まとめておくぞ。このような欠陥が無いように、十分注意するんだ！！

【候補問題No.07　欠陥判定となり易い注意ポイント！！】
①極性がある器具の接続間違い　②ねじ止め部の心線露出が5mm以上となっている。
　⇒耳にタコができるほど聞いていると思うが、間違えていないかチェックだ！
③3路スイッチへの器具結線誤り
　⇒「0」端子には共通して黒線を差し込むぞ。「1」・「3」端子には赤・白のどちらの線を結線しても
　　OKだが、2器具で共通となるようにしてくれよ！
④埋込器具及び差込形コネクタへの差込不良（または心線の露出）
　⇒埋込器具は10mm、差込形コネクタは12mmの剥ぎ取りで接続するんだ！
⑤作業が完了していない
　⇒意外に多いのが、制限時間内に課題作成が終わらない場合だ。候補問題No.07以降は作業量の多
　　い課題が続くので、訓練を重ねて時間内に確実に終わるように特訓だ！！

【候補問題No.07複線図】

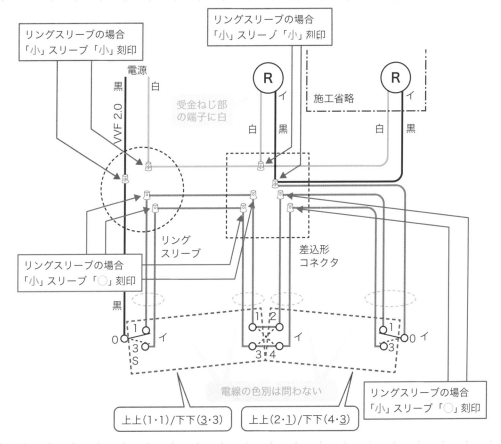

（注）上記の複線図は、正解の一例。
　　　3路スイッチ・4路スイッチ相互間の結線方法は、上記の複線図のほかに、複数の結線方法がある。
　　　このことにより、3路スイッチの記号「0」を除くその他の記号については、省略している。

候補問題No.07以降、アウトレットボックス周りの作業が追加され、これまでよりも時間が短いと感じるかもしれないな！　だが、試験を受ける受験生は皆40分の制限時間で勝負しているんだ。君だけ不利とかじゃないぞ、制限時間内に課題を正確に作成できるまで、何度でも練習してくれ！！

リングスリーブ接続の場合、1.6mm×2本の場合のみ、「小」スリーブの「○」刻印でしたね！　電源線は2.0mmなので、刻印は「小」であって、「○」ではないんですよね！　間違えないように気を付けます！！

重要度：🔥🔥🔥

候補問題
No.08の課題作成に
挑戦しよう!!

動画はこちら！

候補問題No.08はリモコンリレーを端子台で代用する3灯3点滅器回路だ。アウトレットボックス周りの作業は候補問題No.07と同じ内容になるので、復習と思い取り組んでほしいぞ！端子台周りの接続も基本となる単位作業で学習済みだが、VVF1.6-2Cが3本あるので、器具とスイッチの記号の対応関係に注意して、接続作業を行ってくれ！！

公表候補問題No.08　P2

　　　図に示す低圧屋内配線工事を与えられた全ての材料（予備品を除く）を使用し，〈 施工条件 〉に従って完成させなさい。
なお，
　　1．リモコンリレーは端子台で代用するものとする。
　　2．━・━・━ で示した部分は施工を省略する。
　　3．電線接続箇所のテープ巻きや絶縁キャップによる絶縁処理は省略する。
　　4．作品は保護板（板紙）に取り付けないものとする。

図1．配線図

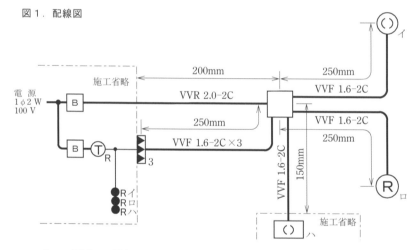

注：1．図記号は，原則として JIS C 0303：2000に準拠している。
　　　　また，作業に直接関係のない部分等は省略又は簡略化してある。
　　2．Ⓡは，ランプレセプタクルを示す。

図2．リモコンリレー代用の端子台の説明図

リモコンリレー　　　　　　　　　　　　端子台

公表候補問題No.08　P1&3

〈支給材料〉

材　　　料	
1.　600V ビニル絶縁ビニルシースケーブル丸形，2.0mm，2 心，長さ約 300mm ‥‥‥‥‥‥‥	1 本
2.　600V ビニル絶縁ビニルシースケーブル平形，1.6mm，2 心，長さ約 1100mm ‥‥‥‥‥‥‥	2 本
3.　ジョイントボックス（アウトレットボックス）（19mm 2 箇所，25mm 3 箇所 　　　　　　　　　　　　　　　　　　　ノックアウト打抜き済み）‥	1 個
4.　端子台（リモコンリレーの代用），6 極 ‥‥‥‥‥‥‥‥‥‥‥‥‥‥‥‥‥‥‥‥‥‥‥	1 個
5.　ランプレセプタクル（カバーなし）‥‥‥‥‥‥‥‥‥‥‥‥‥‥‥‥‥‥‥‥‥‥‥‥‥	1 個
6.　引掛シーリングローゼット（ボディ（丸形）のみ）‥‥‥‥‥‥‥‥‥‥‥‥‥‥‥‥‥‥	1 個
7.　ゴムブッシング（19）‥‥‥‥‥‥‥‥‥‥‥‥‥‥‥‥‥‥‥‥‥‥‥‥‥‥‥‥‥‥‥	2 個
8.　ゴムブッシング（25）‥‥‥‥‥‥‥‥‥‥‥‥‥‥‥‥‥‥‥‥‥‥‥‥‥‥‥‥‥‥‥	3 個
9.　リングスリーブ（小）‥‥‥‥‥‥‥‥‥‥‥‥‥‥‥‥‥‥‥‥（予備品を含む）5 個	
10.　差込形コネクタ（4 本用）‥‥‥‥‥‥‥‥‥‥‥‥‥‥‥‥‥‥‥‥‥‥‥‥‥‥‥‥‥	2 個
・　受験番号札 ‥‥‥‥‥‥‥‥‥‥‥‥‥‥‥‥‥‥‥‥‥‥‥‥‥‥‥‥‥‥‥‥‥‥‥	1 枚
・　ビニル袋 ‥‥‥‥‥‥‥‥‥‥‥‥‥‥‥‥‥‥‥‥‥‥‥‥‥‥‥‥‥‥‥‥‥‥‥‥	1 枚

《 追加支給について 》
　ランプレセプタクル用端子ねじ，リングスリーブ及び差込形コネクタは，作業のやり直し等により不足が生じた場合，申し出（挙手をする）があれば追加支給します。

〈施工条件〉

1．配線及び器具の配置は，**図1**に従って行うこと。

2．リモコンリレー代用の端子台は，**図2**に従って使用すること。

3．各リモコンリレーに至る電線には，**それぞれ2心ケーブル1本を使用すること**。

4．ジョイントボックス（アウトレットボックス）は，打抜き済みの穴だけをすべて使用すること。

5．電線の色別（絶縁被覆の色）は，次によること。
　　①電源からの接地側電線には，すべて**白色**を使用する。
　　②電源からリモコンリレーまでの非接地側電線には，すべて**黒色**を使用する。
　　③次の器具の端子には，**白色の電線**を結線する。
　　　・ランプレセプタクルの受金ねじ部の端子
　　　・引掛シーリングローゼットの接地側極端子（**W**と表示）

6．ジョイントボックス部分を経由する電線は，その部分ですべて接続箇所を設け，接続方法は，次によること。
　　①4本の接続箇所は，**差込形コネクタ**による接続とする。
　　②その他の接続箇所は，**リングスリーブ**による接続とする。

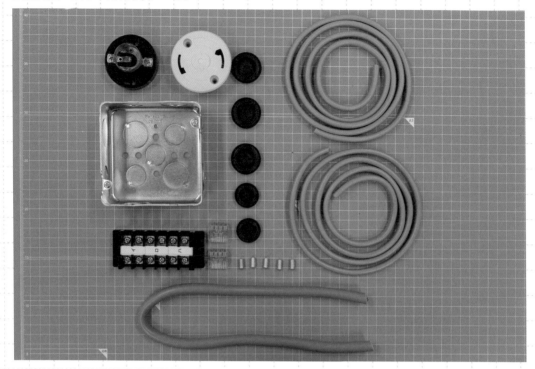

・引掛シーリング（丸形）
　⇒引掛シーリング（角形）と基本は同じだ。「極」があるので、「W」又は「接地
　　側」の記載がある側に接地側線（白線）を結線するんだ！

・端子台（リモコンリレーの代用）
⇒スイッチには「極」が無いので、施工条件で指定が無ければ、白線と黒線の差込
　はどちらでもOKだ。ただし、3か所とも統一するようにしよう！

ここまで候補問題を7課題見てきたが、この辺まで到達するとケーブル尺や形状
（真っ直ぐか、曲げるか）の違いは問題毎にあるものの、候補問題の多くが基本とな
る単位作業の繰り返しであることに気付くはずだ。

細かい施工条件の違いは試験当日にならないと分からないですが、問題文中の施工
条件を必ず確認して、それに基づいて作業を行えばよいんですよね！　基本が一番
大事ってことですね！！

➡ 剥ぎ取り尺を頭に叩き込んで、いざ! 作業工程通りに作業を行え!!

単線図からケーブル寸法を確認だ! くどいようだが、ボックス内で電線接続を必要とする場合には、接続尺として＋100mmを要することを忘れないでおくんだ!

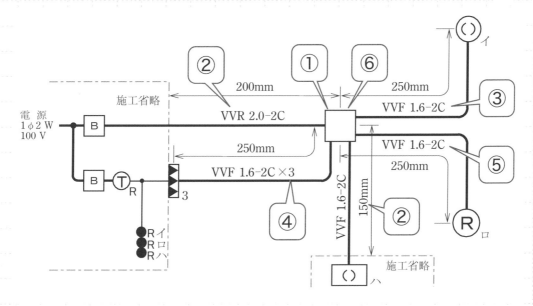

【ケーブル外装・絶縁被覆 剥ぎ取り尺 一覧】※①はアウトレットボックスを示している。

②		VVR2.0-2C：ケーブル尺300mm　外装剥ぎ取り100mm VVF1.6-2C：ケーブル尺250mm　外装剥ぎ取り100mm
③		器具側：外装剥ぎ20mm、絶縁被覆剥ぎ取り10mm ケーブル尺350mm　接続側：外装剥ぎ取り100mm
④		端子側：外装剥ぎ50mm、絶縁被覆剥ぎ取り12mm ケーブル尺350mm　接続側：外装剥ぎ取り100mm
⑤		器具側：外装剥ぎ取り40mm、絶縁被覆剥ぎ取り20mm ケーブル尺350mm　接続側：外装剥ぎ取り100mm
⑥		絶縁被覆の剥ぎ取り尺 4本接続部：12m　それ以外：20mm

ここまで7課題に取り組んでいるから、基本となる単位作業はだいぶ丁寧・早く施工できるようになったんじゃないか!? いい事だが、慣れ故の過信は要注意だ! 規定寸法をしっかり測って、確実な作業で課題を作り上げていくぞ!!

① ・第2章No.14を参考に、アウトレットボックスに十字に切り込みを入れたゴムブッシングを取り付ける。

アウトレットボックスにゴムブッシングを取り付け

長さが異なるので、要注意！

② ・施工省略となる器具ハに接続するVVF1.6-2Cと電源線のVVR2.0-2Cを出題寸法に合わせて切断し、外装を剥ぎ取る。

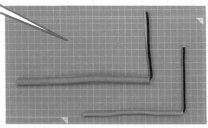

VVF1.6-2C　尺250mm
VVR2.0-2C　尺300mm
外装剥ぎ取り100mm（共通）

③ ・引掛シーリングを第2章No.10の手順で結線、出題寸法に合わせて切断する。
　※「極」に要注意だ！

引掛シーリングの施工（丸形）

ケーブルは配線図通り曲げておこうね！

ケーブルは
配線図通り
曲げておこ
う！

④
- 端子台を第2章No.10の手順で
結線、出題寸法に合わせて切断
する。
※ねじは事前に緩めておこう！

端子台周りの施工

⑤
- ランプレセプタクルを第2章
No.13の手順で結線、出題寸法
に合わせて切断する。
※「極」があるので、白線の結
線位置に要注意だ！

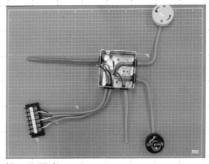

ランプレセプタクルの施工

⑥-1
- 結線した器具を配線図と同じ形
になるよう並べ、施工条件を確
認し、絶縁被覆を規定寸法で剥
ぎ取る。
4本接続箇所：12mm
他：20mm

クリップがあると楽だ！

並べた写真

⑥-2
- 心線の本数と太さに気を付けな
がら、ジョイントボックス内の
接続を行う。

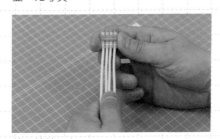

差込接続ほか

候補問題No.01から順に取り組んできて8課題目ともなると、だいぶ単位作業にも
慣れてきているはずだ。しっかりと規定寸法を測って剥ぎ取り＆切断をして器具結
線するという、「当たり前のことをどれだけ当たり前にできるか」

技能試験で問うているのは、この部分なんだ！！

「凡事徹底」というやつですね！　慣れることも大事ですけれど、馴れ故の驕りや過
信は厳に気を付けたいと思います！！

【完成施工写真】

候補問題No.08の完成写真

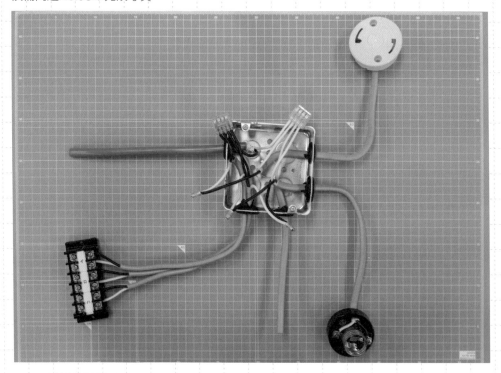

 これまで何度も言っているが、自ら作った完成作品を見て、今一度欠陥等が無いかチェックするんだ！　試験で欠陥と判定されやすい箇所について、以下まとめておくぞ。このような欠陥が無いように、十分注意するんだ！！

【候補問題No.08　欠陥判定となり易い注意ポイント！！】
①極性がある器具の接続間違い
②ねじ止め部の心線露出が5mm以上となっている。
　⇒これまでも耳にタコができるほど聞いていると思うが、間違えていないかチェックだ！
③埋込器具及び差込形コネクタへの差込不良（または心線の露出）
　⇒埋込器具は10mm、差込形コネクタは12mmの剥ぎ取りで接続するんだ！
④器具イ・ロ・ハの接続を間違えている。
　⇒共にVVF1.6-2Cの接続でケーブルを曲げているので、うっかり誤って接続することが無いように、
　　必ず確認をしてから接続を行うんだ！！

【候補問題No.08複線図】

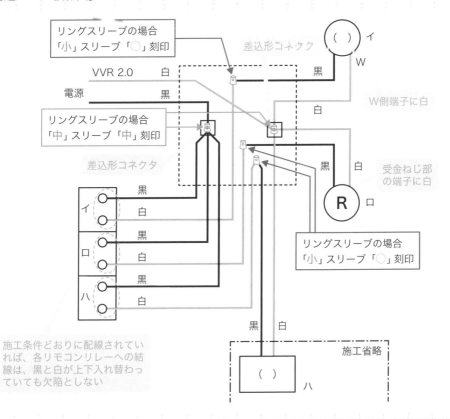

リングスリーブの場合
「小」スリーブ「○」刻印

差込形コネクタ

VVR 2.0　白

電源　黒

リングスリーブの場合
「中」スリーブ「中」刻印

差込形コネクタ

W側端子に白

白

黒

白

受金ねじ部
の端子に白

リングスリーブの場合
「小」スリーブ「○」刻印

黒　白

施工省略

施工条件どおりに配線されていれば、各リモコンリレーへの結線は、黒と白が上下入れ替わっていても欠陥としない

候補問題No.08はこれにて完了……と言いたい所だが、じつは終わりじゃないんだ。正確には終わりだが、施工条件を変えた出題が想定されるので、以下、見ていこうと思うぞ。

（苦しいけれど、自分に負けないぞ……！）どこが変更になるんですか？

具体的には、リモコンリレーからアウトレットボックスに至るケーブルが候補問題ではVVF1.6-2Cが3本だが、この部分が3本⇒2本となる場合の回路も出題の可能性があるので触れておくぞ。

➡ 候補問題No.08の変則問題（想定条件変更→応用力を試せ！）

ケーブルが3本⇒2本の配線図

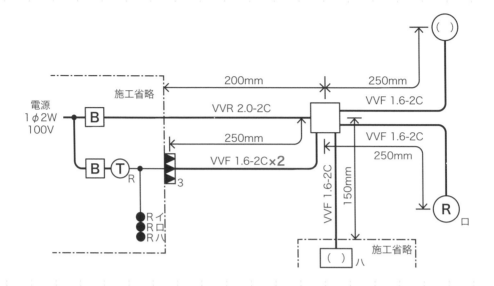

アウトレットボックスとリモコンリレーの間のケーブルが、3本⇒2本になってますね！

端子台の接続箇所が6カ所に対して4本となると、2カ所分の接続をどうするか考えるわけだが、答えは「渡り線」だ。黒色IV線の渡り線を2本用意し、ケーブル1本は器具イのスイッチ、渡り線をスイッチロ・ハの黒線位置に渡らせ、残りのケーブルをスイッチロ・ハに差し込むんだ。完成施工写真を見て確認しておくんだ！

ケーブルが3本⇒2本の完成施工写真

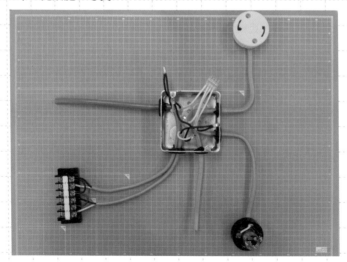

ケーブルが3本⇒2本の複線図

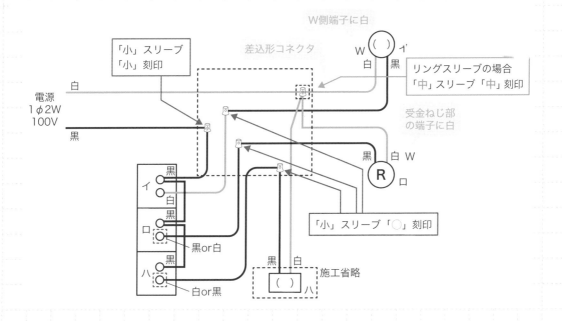

　スイッチ（端子台代用）には「極」がないので、施工条件に指定がなければ色は自由だ（3箇所で白・黒はそろえておく）。

　ケーブル2本の場合、端子イの上部を黒線としたので、ロ・ハの上部については黒色IV線で渡らせたぞ。

　するとロ・ハの端子下部があまるので、こちらには残りのケーブルを差し込めばOKだ。色は不問だが、ボックス内での結線作業については誤らないように気をつけよう！！

 当初の施工条件と変わるのは、以下の2点ですね！

　①電源側黒線の結線が差込形コネクタ（4口）から、リングスリーブ（スリーブ・刻印共に「小」）になる。②端子台に接続する黒線の箇所（2箇所）については、渡り線となる。スイッチロ・ハの白線部分は残りのケーブルとなり、白黒が交錯する（どちらでもOK）。

 スイッチロ・ハのケーブル線が白黒とケーブルが3本の時とは異なるので、ボックス内での接続を誤る欠陥が想定されるところだ。一つ一つの作業について、確認しながら行うことで、こういったミスは防げるはずだ！　複線図を見ながら、電気的な流れ（国松式複線図絵描き歌）をなぞり、回路が正しいか確認しておこう！！

No.
26
/30

候補問題
No.09の課題作成に
挑戦しよう!!

重要度：🔥🔥🔥

動画はこちら！

候補問題No.09はEET（接地極付接地端子付コンセント）を含む、コンセント及び電灯回路の問題だ。EET以外は全てこれまでの候補問題の作成の中で触れているものばかりだから、復習と思い取り組むんだ！　EETは、君の住んでいる家の中でも必ず見つけることができるはずなので、是非探してみよう！　答え合わせは、材料写真一覧の所で行うぞ！！

公表候補問題No.09　P2

　図に示す低圧屋内配線工事を与えられた全ての材料（予備品を除く）を使用し、< 施工条件 > に従って完成させなさい。
なお，
　1．ー・ー・ー で示した部分は施工を省略する。
　2．VVF 用ジョイントボックス及びスイッチボックスは支給していないので，その取り付けは省略する。
　3．電線接続箇所のテープ巻きや絶縁キャップによる絶縁処理は省略する。
　4．作品は保護板（板紙）に取り付けないものとする。

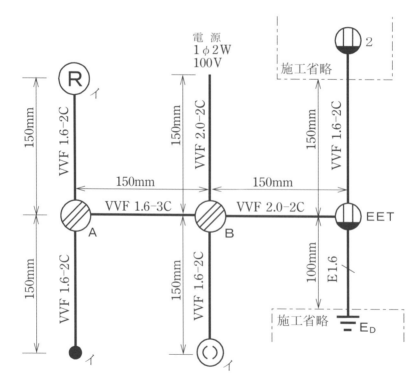

注：1．図記号は，原則として JIS C 0303:2000に準拠している。
　　　また，作業に直接関係のない部分等は省略又は簡略化してある。
　　2．Ⓡは，ランプレセプタクルを示す。

198

公表候補問題No.09　P1&3

〈支給材料〉

材　　料	
1. 600V ビニル絶縁ビニルシースケーブル平形（シース青色），2.0mm，2 心，長さ約 600mm ‥‥	1 本
2. 600V ビニル絶縁ビニルシースケーブル平形，1.6mm，2 心，長さ約 1250mm ‥‥‥‥‥‥	1 本
3. 600V ビニル絶縁ビニルシースケーブル平形，1.6mm，3 心，長さ約 350mm ‥‥‥‥‥‥	1 本
4. 600V ビニル絶縁電線（緑），1.6mm，長さ約 150mm ‥‥‥‥‥‥‥‥‥‥‥‥‥‥‥‥	1 本
5. ランプレセプタクル（カバーなし）‥‥‥‥‥‥‥‥‥‥‥‥‥‥‥‥‥‥‥‥‥‥‥‥	1 個
6. 引掛シーリングローゼット（ボディ（丸形）のみ）‥‥‥‥‥‥‥‥‥‥‥‥‥‥‥‥	1 個
7. 埋込連用タンブラスイッチ ‥‥‥‥‥‥‥‥‥‥‥‥‥‥‥‥‥‥‥‥‥‥‥‥‥‥‥	1 個
8. 埋込コンセント（15A125V 接地極付接地端子付）‥‥‥‥‥‥‥‥‥‥‥‥‥‥‥‥	1 個
9. 埋込連用取付枠 ‥‥‥‥‥‥‥‥‥‥‥‥‥‥‥‥‥‥‥‥‥‥‥‥‥‥‥‥‥‥‥‥	1 枚
10. リングスリーブ（小）‥‥‥‥‥‥‥‥‥‥‥‥‥‥‥‥‥‥‥（予備品を含む）	2 個
11. リングスリーブ（中）‥‥‥‥‥‥‥‥‥‥‥‥‥‥‥‥‥‥‥（予備品を含む）	3 個
12. 差込形コネクタ（2 本用）‥‥‥‥‥‥‥‥‥‥‥‥‥‥‥‥‥‥‥‥‥‥‥‥‥‥	2 個
13. 差込形コネクタ（3 本用）‥‥‥‥‥‥‥‥‥‥‥‥‥‥‥‥‥‥‥‥‥‥‥‥‥‥	1 個
・受験番号札 ‥‥‥‥‥‥‥‥‥‥‥‥‥‥‥‥‥‥‥‥‥‥‥‥‥‥‥‥‥‥‥‥‥‥	1 枚
・ビニル袋 ‥‥‥‥‥‥‥‥‥‥‥‥‥‥‥‥‥‥‥‥‥‥‥‥‥‥‥‥‥‥‥‥‥‥‥	1 枚

<< 追加支給について >>
　ランプレセプタクル用端子ねじ，リングスリーブ及び差込形コネクタは，作業のやり直し等により不足が生じた場合，申し出（挙手をする）があれば追加支給します。

〈施工条件〉

1．配線及び器具の配置は，図に従って行うこと。

2．電線の色別（絶縁被覆の色）は，次によること。
　　①電源からの接地側電線には，すべて**白色**を使用する。
　　②電源からコンセント及び点滅器までの非接地側電線には，すべて**黒色**を使用する。
　　③接地線には，**緑色**を使用する。
　　④次の器具の端子には，**白色の電線**を結線する。
　　　・コンセントの接地側極端子（**W**と表示）
　　　・ランプレセプタクルの受金ねじ部の端子
　　　・引掛シーリングローゼットの接地側極端子（**W**と表示）

3．VVF 用ジョイントボックス部分を経由する電線は，その部分ですべて接続箇所を設け，接続方法は，次によること。
　　①A部分は，**差込形コネクタによる接続**とする。
　　②B部分は，**リングスリーブによる接続**とする。

候補問題No.09の材料写真　一式

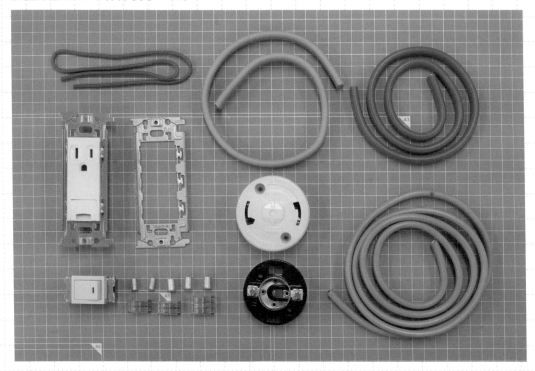

 ・EET（接地極付接地端子付コンセント）
⇒器具裏を見ると「W」の記載があるので、「極」があるぞ（白線結線）。また、
接地端子の記号があるので、アース線は左右のどちらかに結線するぞ。EETコ
ンセントは、冷蔵庫や洗濯機のコンセントとして使用されているぞ！

 ・中スリーブ
⇒候補問題No.09以降、中スリーブの接続も出題されるぞ。これまでも差込形コ
ネクタの場所をリングスリーブに置き換えた場合を見てきたが、断面積が
8mm²超の場合に使用するんだ！！

 「極」のある器具は、極性の記載がある方に接地側電線（白線）を結線するぞ。口
酸っぱく言っているから、もう大丈夫だな！？　候補問題No.09では、初めて接地
端子に取り付ける緑色IV線が出題されているぞ。

 初登場となる器具も少しありますが、ほとんどはこれまで見てきた候補問題の器具
と同じですね！　基本となる単位作業について、規定寸法を測って作業を行うよう
徹底します！

剥ぎ取り尺を頭に叩き込んで、いざ！　作業工程通りに作業を行え!!

EETコンセント回りの結線が若干複雑になるので、気を付けて取り組むんだ！

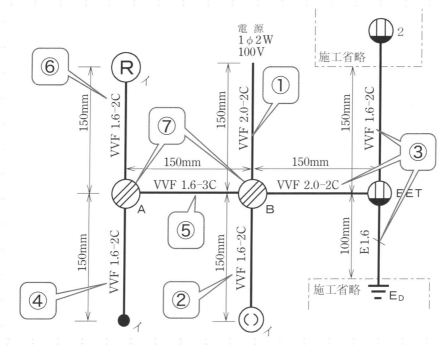

【ケーブル外装・絶縁被覆　剥ぎ取り尺　一覧】

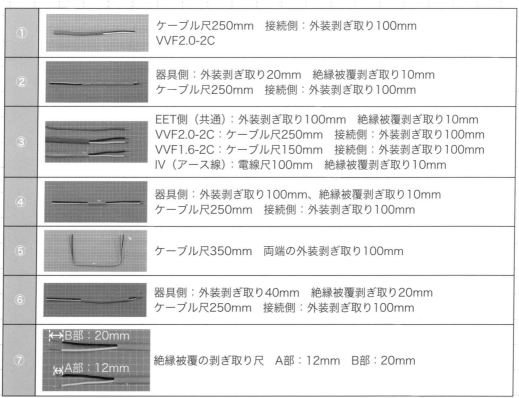

①		ケーブル尺250mm　接続側：外装剥ぎ取り100mm VVF2.0-2C
②		器具側：外装剥ぎ取り20mm　絶縁被覆剥ぎ取り10mm ケーブル尺250mm　接続側：外装剥ぎ取り100mm
③		EET側（共通）：外装剥ぎ取り100mm　絶縁被覆剥ぎ取り10mm VVF2.0-2C：ケーブル尺250mm　接続側：外装剥ぎ取り100mm VVF1.6-2C：ケーブル尺150mm　接続側：外装剥ぎ取り100mm IV（アース線）：電線尺100mm　絶縁被覆剥ぎ取り10mm
④		器具側：外装剥ぎ取り100mm、絶縁被覆剥ぎ取り10mm ケーブル尺250mm　接続側：外装剥ぎ取り100mm
⑤		ケーブル尺350mm　両端の外装剥ぎ取り100mm
⑥		器具側：外装剥ぎ取り40mm　絶縁被覆剥ぎ取り20mm ケーブル尺250mm　接続側：外装剥ぎ取り100mm
⑦	B部：20mm A部：12mm	絶縁被覆の剥ぎ取り尺　A部：12mm　B部：20mm

これまでVVF2.0-2Cは電源線のみの使用だったが、EETコンセントとボックスB間でも使用するぞ。ケーブルはどれも似ているので、使用箇所を間違えないようにしよう！

① ・施工省略となる電源線の VVF2.0-2Cを出題寸法に合わせて切断し、外装を剥ぎ取る。

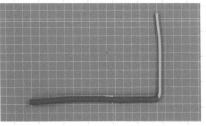

VVF2.0-2C
尺250mm、外装剥ぎ取り100mm

② ・引掛シーリングを第2章No.10 の手順で結線、出題寸法に合わせて切断する。
※「極」があるので、白線の結線位置に要注意だ！

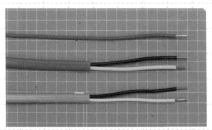

引掛シーリング（丸形）の施工

③-1 ・EET（接地極付接地端子付）コンセント周りの電線2種と接地線（緑）の外装・絶縁被覆を剥ぎ取り、規定寸法で切断する。

外装・絶縁被覆を剥ぎ取り

③-2 ・③-1のケーブルと電線をEETコンセントの器具裏に結線する。
※「極」があるので、差込位置に要注意だ！

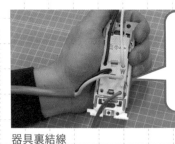

「W」側に白線を結線しよう
接地線（線）は左右どちらでもOK！

器具裏結線

④ ・片切スイッチを連用取付枠の中央に設置し、ケーブルを結線、規定寸法で切断する。
※スイッチに極は無いので、指定が無い場合、線の色は自由だ。

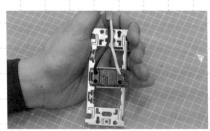

片切スイッチを連用取付枠に設置しケーブルを結線

⑤
- ジョイントボックス間渡り線を出題寸法に合わせて切断し、両端の外装を規定寸法で剥ぎ取る。

渡り線の施工

⑥
- ランプレセプタクルを第2章No.13の手順で結線、出題寸法に合わせて切断する。
  ※「極」があるので、白線の結線位置に要注意だ！

ランプレセプタクルの施工

⑦-1
- 結線した器具を配線図と同じ形になるよう並べ、施工条件を確認し、絶縁被覆を規定寸法で剥ぎ取る。

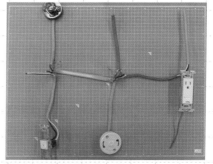
器具を配線図通り並べる

⑦-2
- 心線の本数と太さに気を付けながら、ジョイントボックス内の接続を行う。

中スリーブ接続

中スリーブは断面積が太く、心線を差しづらいうえ、力も必要なので要注意だ！

【完成施工写真】
候補問題No.09の完成写真

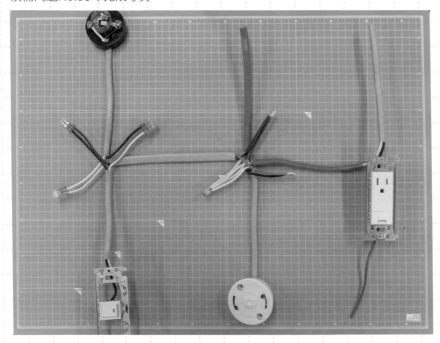

 以下、試験で欠陥と判定されやすい箇所についてまとめておくぞ。このような欠陥が無いように、十分注意するんだ！！

【候補問題No.09　欠陥判定となり易い注意ポイント！！】
①極性がある器具の接続間違い（ランプレセプタクル、引掛シーリング、EET）
②ねじ止め部の心線露出が5mm以上となっている。
　⇒耳にタコができるほど聞いていると思うが、間違えていないかチェックだ！
③リングスリーブ下端の心線露出が10mm以上となっている。
　⇒心線の露出長は、上・下共に2mm程度になるように施工するんだ！中スリーブの圧着はスリーブ
　　への差込とペンチの握りに力を要するので、けがしないように慎重に作業をしてくれ！
④埋込器具及び差込形コネクタへの差込不良（または心線の露出）
　⇒埋込器具は10mm、差込形コネクタは12mmの剥ぎ取りで接続するんだ！

【候補問題No.09複線図】

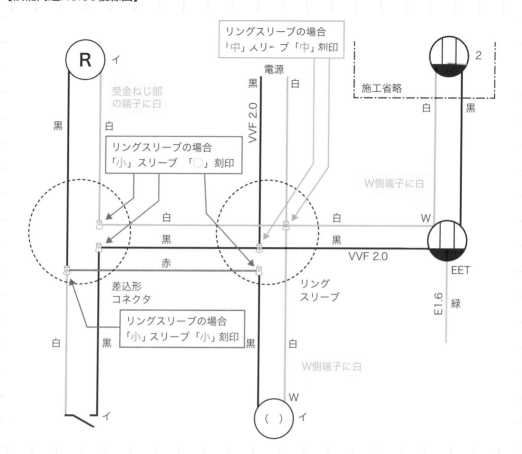

候補問題No.09最大のポイントは、施工条件で初めて中スリーブの使用を指定した
ことになるな！　これまでも複線図上では、差込形コネクタをリングスリーブ接続
した場合に中スリーブになる例は見てきたが、実際に施工すると、小スリーブより
も作業しづらいと感じる受験生が多いみたいだが、君はどうかな！？

少し力が必要ですが、練習で慣れるようにします！　今回は赤のボックス間渡り線
で繋ぐ2灯（器具イ）とスイッチの3線接続の箇所が、小スリーブの小刻印なので間
違えないように気を付けます！！

候補問題
No.10の課題作成に
挑戦しよう!!

重要度：🔥🔥🔥

動画はこちら！

候補問題No.10はパイロットランプがスイッチに連動する同時点滅回路についての問題だ。スイッチ'イ'に対して点灯器具が2つ（ランプレセプタクルと引掛シーリング）あるため、器具裏の結線が少し複雑になっている様に見えるぞ。だが、しかーし！ 君もすでに覚えてくれたであろう、「国松式複線図絵描き歌」を唱和すれば、何てことはない！！余裕でクリアできるはずだ、俺と一緒に熱唱して攻略するんだ！！

公表候補問題No.10　P2

　図に示す低圧屋内配線工事を与えられた全ての材料（予備品を除く）を使用し、< 施工条件 >に従って完成させなさい。
なお、
　1．ー・ーで示した部分は施工を省略する。
　2．VVF用ジョイントボックス及びスイッチボックスは支給していないので、その取り付けは省略する。
　3．電線接続箇所のテープ巻きや絶縁キャップによる絶縁処理は省略する。
　4．作品は保護板（板紙）に取り付けないものとする。

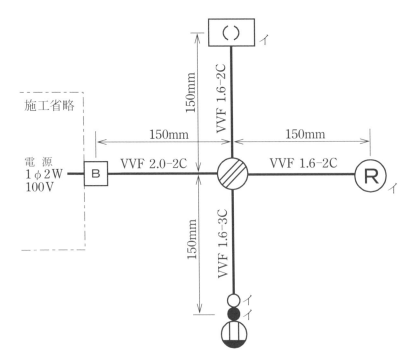

注：1．図記号は、原則として JIS C 0303:2000に準拠している。
　　　また、作業に直接関係のない部分等は省略又は簡略化してある。
　　2．Ⓡは、ランプレセプタクルを示す。

公表候補問題 No.10　P1&3

〈支給材料〉

材　　　料	
1. 600V ビニル絶縁ビニルシースケーブル平形（シース青色），2.0mm，2 心，長さ約 300mm ‥	1 本
2. 600V ビニル絶縁ビニルシースケーブル平形，1.6mm，2 心，長さ約 650mm ‥‥‥‥‥	1 本
3. 600V ビニル絶縁ビニルシースケーブル平形，1.6mm，3 心，長さ約 450mm ‥‥‥‥‥	1 本
4. 配線用遮断器（100V，2 極 1 素子）‥‥‥‥‥‥‥‥‥‥‥‥‥‥‥‥‥‥‥‥‥‥‥	1 個
5. ランプレセプタクル（カバーなし）‥‥‥‥‥‥‥‥‥‥‥‥‥‥‥‥‥‥‥‥‥‥‥	1 個
6. 引掛シーリングローゼット（ボディ（角形）のみ）‥‥‥‥‥‥‥‥‥‥‥‥‥‥‥‥	1 個
7. 埋込連用タンブラスイッチ ‥‥‥‥‥‥‥‥‥‥‥‥‥‥‥‥‥‥‥‥‥‥‥‥‥‥	1 個
8. 埋込連用パイロットランプ ‥‥‥‥‥‥‥‥‥‥‥‥‥‥‥‥‥‥‥‥‥‥‥‥‥‥	1 個
9. 埋込連用コンセント ‥‥‥‥‥‥‥‥‥‥‥‥‥‥‥‥‥‥‥‥‥‥‥‥‥‥‥‥‥	1 個
10. 埋込連用取付枠 ‥‥‥‥‥‥‥‥‥‥‥‥‥‥‥‥‥‥‥‥‥‥‥‥‥‥‥‥‥‥‥	1 枚
11. リングスリーブ（小）‥‥‥‥‥‥‥‥‥‥‥‥‥‥‥‥‥‥（予備品を含む）2 個	
12. リングスリーブ（中）‥‥‥‥‥‥‥‥‥‥‥‥‥‥‥‥‥‥（予備品を含む）2 個	
13. 差込形コネクタ（3 本用）‥‥‥‥‥‥‥‥‥‥‥‥‥‥‥‥‥‥‥‥‥‥‥‥‥‥	1 個
・ 受験番号札 ‥‥‥‥‥‥‥‥‥‥‥‥‥‥‥‥‥‥‥‥‥‥‥‥‥‥‥‥‥‥‥‥‥	1 枚
・ ビニル袋 ‥‥‥‥‥‥‥‥‥‥‥‥‥‥‥‥‥‥‥‥‥‥‥‥‥‥‥‥‥‥‥‥‥‥	1 枚

≪ 追加支給について ≫

　ランプレセプタクル用端子ねじ，リングスリーブ及び差込形コネクタは，作業のやり直し等により不足が生じた場合，申し出（挙手をする）があれば追加支給します。

〈施工条件〉

1．配線及び器具の配置は，図に従って行うこと。

2．**確認表示灯（パイロットランプ）は，引掛シーリングローゼット及びランプレセプタクルと同時点滅とすること。**

3．電線の色別（絶縁被覆の色）は，次によること。
　　①電源からの接地側電線には，すべて**白色**を使用する。
　　②電源から点滅器及びコンセントまでの非接地側電線には，すべて**黒色**を使用する。
　　③次の器具の端子には，**白色の電線**を結線する。
　　　・コンセントの接地側極端子（**W**と表示）
　　　・ランプレセプタクルの受金ねじ部の端子
　　　・引掛シーリングローゼットの接地側極端子（接地側と表示）
　　　・配線用遮断器の接地側極端子（**N**と表示）

4．VVF 用ジョイントボックス部分を経由する電線は，その部分ですべて接続箇所を設け，接続方法は，次によること。
　　①3 本の接続箇所は，**差込形コネクタによる接続**とする。
　　②その他の接続箇所は，**リングスリーブによる接続**とする。

候補問題No.10の材料写真　一式

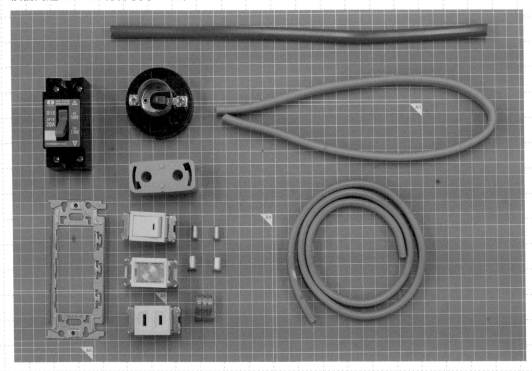

・配線用遮断器（ブレーカー）
　⇒ねじ端子の所を見ると、「L」・「N」の記載があるが、接地側電線（白線）を結
　　線するのは、「N」側になるぞ！

・中スリーブ
　⇒断面積が8mm²超の場合には、中スリーブを使用するんだ！　今回のようにジョ
　　イントボックスが1つの場合はミスが起こりやすいので、必ず施工条件を確認す
　　るんだ！！

候補問題No.02では、常時点灯回路についての接続を行ったんだが覚えているか
な？
常時点灯回路は、電源とパイロットランプを並列に接続したが、ここで学習する同
時点滅回路では、負荷（ランプレセプタクル・引掛シーリング）とパイロットラン
プを並列に接続するんだ！！　この違いは、第1章No.08で触れているから、忘れて
いたら戻ってチェックだ！！

剥ぎ取り尺を頭に叩き込んで、いざ！ 作業工程通りに作業を行え!!

　連用取付枠に設置する3連器具と同時点滅回路とする渡り線の接続作業が若干複雑になるので、気を付けて取り組むんだ！

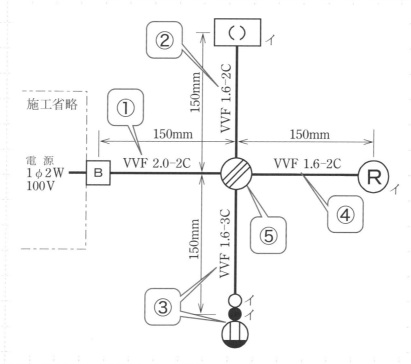

【ケーブル外装・絶縁被覆 剥ぎ取り尺 一覧】

①	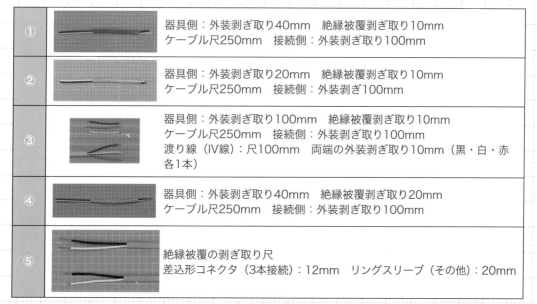	器具側：外装剥ぎ取り40mm　絶縁被覆剥ぎ取り10mm ケーブル尺250mm　接続側：外装剥ぎ取り100mm
②		器具側：外装剥ぎ取り20mm　絶縁被覆剥ぎ取り10mm ケーブル尺250mm　接続側：外装剥ぎ100mm
③		器具側：外装剥ぎ取り100mm　絶縁被覆剥ぎ取り10mm ケーブル尺250mm　接続側：外装剥ぎ取り100mm 渡り線（IV線）：尺100mm　両端の外装剥ぎ取り10mm（黒・白・赤 各1本）
④		器具側：外装剥ぎ取り40mm　絶縁被覆剥ぎ取り20mm ケーブル尺250mm　接続側：外装剥ぎ取り100mm
⑤		絶縁被覆の剥ぎ取り尺 差込形コネクタ（3本接続）：12mm　リングスリーブ（その他）：20mm

これまで9つの候補問題に取り組んできたから、基本となる単位作業についてもだいぶ早く・丁寧な施工ができるようになったんじゃないか？　でも、油断禁物だ。初心忘れるべからず！　そして、3連器具の同時点滅回路の結線には、特に注意して取り組むんだ！！

①
- 配線用遮断器を第2章No.10の手順で結線、出題寸法に合わせて切断・外装を剥ぎ取る。
※「極」があるので、白線の結線位置に要注意だ！

「N」の側に、接地側線（白線）を結線するんだ！

配線用遮断器（ブレーカー）の施工

②
- 引掛シーリングを第2章No.10の手順で結線、出題寸法に合わせて切断する。
※「極」があるので、白線の結線位置に要注意だ！

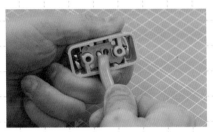

引掛シーリングの施工

③-1
- 連用取付枠に、器具を配線図通り取り付ける。
- 結線するケーブルと渡り線を準備する。

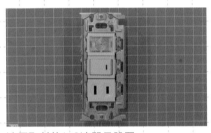

連用取付枠に3連器具設置
ケーブル及び渡り線の準備

③-2
- ③-1の線を器具裏に結線する。
（白）コンセント・負荷
（黒）コンセント・スイッチ
（赤）スイッチ・負荷

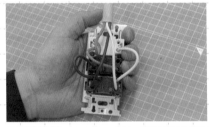

器具裏結線

ここでは電線色の選択ミスを防ぐため、電源線（VVF2.0-2C）と接続するVVF1.6-3Cの白・黒線については、コンセント接続する方法を採用しているぞ。接地側（W）を白線のラインとし、その反対を非接地側（黒線）としているので、その辺も併せて確認しておくんだ！

「国松式複線図絵描き歌」を唱和します！　白：コンセント・負荷、黒：コンセント・スイッチ、赤：スイッチ・負荷ですね！

④
- ランプレセプタクルを第2章 No.13の手順で結線、出題寸法に合わせて切断する。
  ※「極」があるので、白線の結線位置に要注意だ！

ランプレセプタクルの施工

⑤-1
- 結線した器具を配線図と同じ形になるよう並べ、施工条件を確認し、絶縁被覆を規定寸法で剥ぎ取る。
  3本接続箇所：12mm　他：20mm

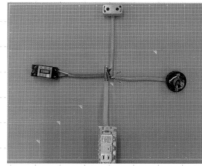
器具を配線図通り並べる

⑤-2
- 心線の本数と太さに気を付けながら、ジョイントボックス内の接続を行う。

中スリーブ接続

中スリーブは断面積が太いので、心線を差しづらいうえ、力も必要なので、要注意だ！

候補問題No.10最大の難所は、同時点滅回路における器具裏結線作業だ。渡り線の接続が少し複雑に見えるが、くどいように繰り返し言っている「国松式複線図絵描き歌」を唱えれば、いとも簡単に接続ができるぞ！

その他については、これまでの候補問題でも触れてきた基本となる単位作業ですから、しっかりと取り組んで完ぺきな課題作成をしたいと思います！！

第**3**章

13 ある候補問題（課題）を自らの手で作り上げよう！！

【完成施工写真】

候補問題No.10の完成写真

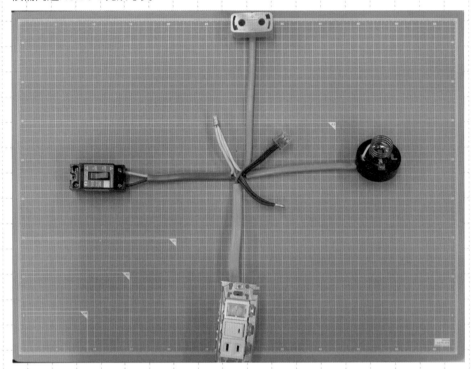

 以下、試験で欠陥と判定されやすい箇所についてまとめておくぞ。このような欠陥が無いように、十分注意するんだ！！

【候補問題No.10　欠陥判定となり易い注意ポイント！！】

①極性がある器具の接続間違い（ランプレセプタクル、引掛シーリング、配線用遮断器、コンセント）

②ねじ止め部の心線露出が5mm以上となっている。

　⇒耳にタコができるほど聞いていると思うが、間違えていないかチェックだ！

③リングスリーブ下端の心線露出が10mm以上となっている。

　⇒心線の露出長は、上・下共に2mm程度になるように施工するんだ！　中スリーブの圧着はスリーブへの差込とペンチの握りに力を要するので、けがしないように慎重に作業をしてくれ！

④3連装器具の器具裏誤結線

　⇒他社の教科書で紹介している方法だと間違えやすい事間違いなしだ。俺が推奨する、「国松式複線図絵描き歌」を元に、渡り線は、接地側に白線（W：コンセント・負荷）、非接地側に黒線（コンセント・スイッチ）、残りの赤線をスイッチ・負荷と接続する方法が一番分かり易いぞ！！

【候補問題No.10複線図】

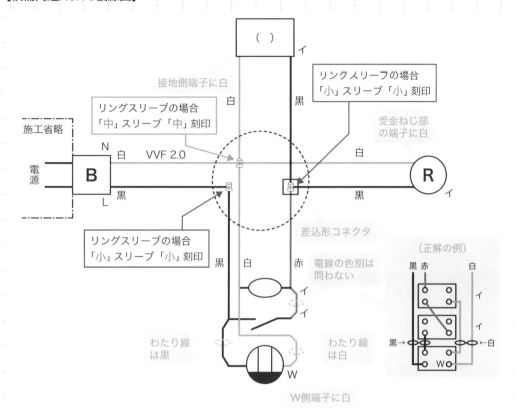

（注）上記は一例であり、パイロットランプ、スイッチ及びコンセントの結線方法については、
これ以外にも正解となる結線方法がある。

 候補問題No.10はジョイントボックス内の接続が3か所しかないので、接続作業に手間を要するということは無いと思うが、やはり、3連装器具の器具裏結線が最大のポイントと言えるぞ。なお、くどいようだが、2.0mm×1本と1.6mm×1本の場合は使用するスリーブとその刻印は、「小」になるぞ。間違えないようにな！！

 候補問題No.10で配線用遮断器が初登場ですね！　とはいえ、端子台である程度接続のコツは分かっているので、やはり順番に候補問題に取り組む中で、着実に力を身に付けていきたいと思います！　先輩の指摘した箇所は、間違えないように気を付けます！！

候補問題
No.11の課題作成に
挑戦しよう!!

動画はこちら!

重要度：🔥🔥🔥

候補問題No.11は、ねじなし電線管とアウトレットボックスの接続を要する回路だ。電線管の中はケーブルではなく、IV線を通線するぞ。なお、以下2点が特に注意を要する箇所だ！　①スイッチ2カ所（イとロ）でそれぞれに点灯器具が付いているので、接続を間違えない！　②回路図がカカシのような形状をしているので、ケーブルの曲げ加工にも注意する！

公表候補問題No.11　P2

　図に示す低圧屋内配線工事を与えられた全ての材料(予備品を除く)を使用し、〈 施工条件 〉に従って完成させなさい。
なお，
　1．金属管とジョイントボックス（アウトレットボックス）とを電気的に接続することは省略する。
　2．スイッチボックスは支給していないので，その取り付けは省略する。
　3．電線接続箇所のテープ巻きや絶縁キャップによる絶縁処理は省略する。
　4．作品は保護板（板紙）に取り付けないものとする。

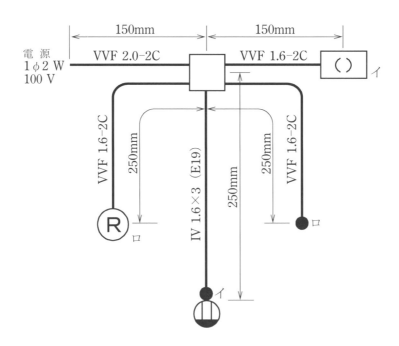

注：1．図記号は，原則として JIS C 0303:2000に準拠している。
　　　また，作業に直接関係のない部分等は省略又は簡略化してある。
　　2．Ⓡは，ランプレセプタクルを示す。

公表候補問題No.11　P1&3

〈支給材料〉

材　　　料		
1. 600V ビニル絶縁ビニルシースケーブル平形（シース青色）2.0mm, 2心, 長さ約 250mm ‥	1 本	
2. 600V ビニル絶縁ビニルシースケーブル平形, 1.6mm, 2心, 長さ約 1200mm ‥‥‥‥‥‥	1 本	
3. 600V ビニル絶縁電線（黒）, 1.6mm, 長さ約 550mm ‥‥‥‥‥‥‥‥‥‥‥‥‥‥‥	1 本	
4. 600V ビニル絶縁電線（白）, 1.6mm, 長さ約 450mm ‥‥‥‥‥‥‥‥‥‥‥‥‥‥‥	1 本	
5. 600V ビニル絶縁電線（赤）, 1.6mm, 長さ約 450mm ‥‥‥‥‥‥‥‥‥‥‥‥‥‥‥	1 本	
6. ジョイントボックス（アウトレットボックス 19mm 3箇所, 25mm 2箇所　　　　　　　　　　　　　　　　　　ノックアウト打抜き済み）‥	1 個	
7. ねじなし電線管（E19）, 長さ約 120mm（端口処理済み）‥‥‥‥‥‥‥‥‥‥‥‥	1 本	
8. ねじなしボックスコネクタ（E19）ロックナット付, 接地用端子は省略 ‥‥‥‥‥‥	1 個	
9. ランプレセプタクル（カバーなし）‥‥‥‥‥‥‥‥‥‥‥‥‥‥‥‥‥‥‥‥‥	1 個	
10. 引掛シーリングローゼット（ボディ（角形）のみ）‥‥‥‥‥‥‥‥‥‥‥‥‥‥‥	1 個	
11. 埋込連用タンブラスイッチ ‥‥‥‥‥‥‥‥‥‥‥‥‥‥‥‥‥‥‥‥‥‥‥‥	2 個	
12. 埋込連用コンセント ‥‥‥‥‥‥‥‥‥‥‥‥‥‥‥‥‥‥‥‥‥‥‥‥‥‥‥	1 個	
13. 埋込連用取付枠 ‥‥‥‥‥‥‥‥‥‥‥‥‥‥‥‥‥‥‥‥‥‥‥‥‥‥‥‥	1 枚	
14. 絶縁ブッシング（19）‥‥‥‥‥‥‥‥‥‥‥‥‥‥‥‥‥‥‥‥‥‥‥‥‥‥	1 個	
15. ゴムブッシング（19）‥‥‥‥‥‥‥‥‥‥‥‥‥‥‥‥‥‥‥‥‥‥‥‥‥‥	2 個	
16. ゴムブッシング（25）‥‥‥‥‥‥‥‥‥‥‥‥‥‥‥‥‥‥‥‥‥‥‥‥‥‥	2 個	
17. リングスリーブ（小）‥‥‥‥‥‥‥‥‥‥‥‥‥‥‥‥（予備品を含む）‥	2 個	
18. リングスリーブ（中）‥‥‥‥‥‥‥‥‥‥‥‥‥‥‥‥（予備品を含む）‥	2 個	
19. 差込形コネクタ（2本用）‥‥‥‥‥‥‥‥‥‥‥‥‥‥‥‥‥‥‥‥‥‥‥‥	2 個	
・　受験番号札 ‥‥‥‥‥‥‥‥‥‥‥‥‥‥‥‥‥‥‥‥‥‥‥‥‥‥‥‥‥	1 枚	
・　ビニル袋 ‥‥‥‥‥‥‥‥‥‥‥‥‥‥‥‥‥‥‥‥‥‥‥‥‥‥‥‥‥‥	1 枚	

《 追加支給について 》
　ねじなしボックスコネクタ用止めねじ, ランプレセプタクル用端子ねじ, リングスリーブ及び差込形コネクタは, 作業のやり直し等により不足が生じた場合, 申し出（挙手をする）があれば追加支給します。

〈施工条件〉

1. 配線及び器具の配置は, 図に従って行うこと。

2. ジョイントボックス（アウトレットボックス）は, 打抜き済みの穴だけをすべて使用すること。

3. 電線の色別（絶縁被覆の色）は, 次によること。
　　①電源からの接地側電線には, すべて**白色**を使用する。
　　②電源から点滅器及びコンセントまでの非接地側電線には, すべて**黒色**を使用する。
　　③次の器具の端子には, **白色の電線**を結線する。
　　　・コンセントの接地側極端子（**W**と表示）
　　　・ランプレセプタクルの受金ねじ部の端子
　　　・引掛シーリングローゼットの接地側極端子（接地側と表示）

4. ジョイントボックス部分を経由する電線は, その部分ですべて接続箇所を設け, 接続方法は, 次によること。
　　①電源側電線（電源からの電線・シース青色）との接続箇所は, **リングスリーブによる接続**とする。
　　②その他の接続箇所は, **差込形コネクタによる接続**とする。

5. ねじなしボックスコネクタは, ジョイントボックス側に取り付けること。

6. 埋込連用取付枠は, タンブラスイッチ（イ）及びコンセント部分に使用すること。

候補問題No.11の材料写真　一式

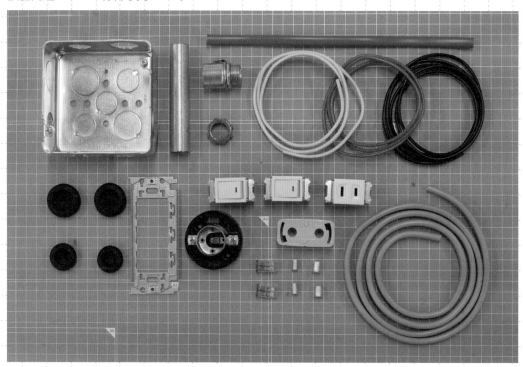

・ねじなしボックスコネクタと絶縁ブッシング
⇒ねじなし電線管をボックスに取り付ける際に使用するぞ。ボックスコネクタの上部にある「止めねじ」はねじ切ることを忘れないようにな！！

・1.6mmIV線
⇒黒線が長いのは、2連装器具取付箇所の結線時に'渡り線'として使用するからだぞ！　無駄な材料支給は無いから、必ず施工条件を確認するんだ！！

候補問題No.11で初登場となるのが、ねじなし電線管とその付属品だ。基本となる単位作業（第2章No.14）は練習してきていると思うが、ねじなし電線管を使用する候補問題はこのNo.11だけなんだ。真面目に練習していれば大丈夫と言いたい所だが、そういう君こそ、ボックスコネクタ上部の「止めねじ」のねじ切りを忘れずに施工するんだ！！
欠陥で最も多いのが、この「ねじ切り忘れ＝うっかり」なんだ！　もったいないよな、イージーミスは、絶対に無しにするんだぞ！！

➡ 剝ぎ取り尺を頭に叩き込んで、いざ！ 作業工程通りに作業を行え!!

先ずはアウトレットボックス周りの単位作業を行い、その後で個別に器具を結線する作業に入っていくといいぞ！

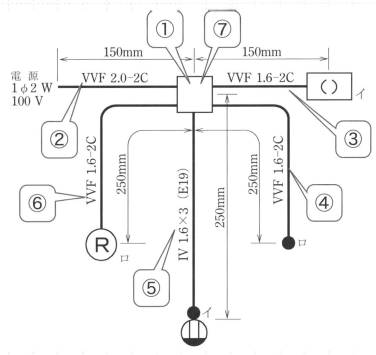

【ケーブル外装・絶縁被覆　剝ぎ取り尺　一覧】※①はアウトレットボックスを示している。

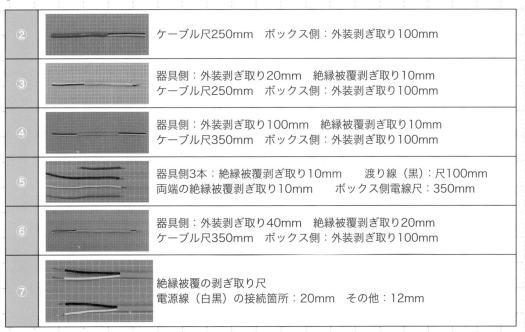

②		ケーブル尺250mm　ボックス側：外装剝ぎ取り100mm
③		器具側：外装剝ぎ取り20mm　絶縁被覆剝ぎ取り10mm ケーブル尺250mm　ボックス側：外装剝ぎ取り100mm
④		器具側：外装剝ぎ取り100mm　絶縁被覆剝ぎ取り10mm ケーブル尺350mm　ボックス側：外装剝ぎ取り100mm
⑤		器具側3本：絶縁被覆剝ぎ取り10mm　　渡り線（黒）：尺100mm 両端の絶縁被覆剝ぎ取り10mm　ボックス側電線尺：350mm
⑥		器具側：外装剝ぎ取り40mm　絶縁被覆剝ぎ取り20mm ケーブル尺350mm　ボックス側：外装剝ぎ取り100mm
⑦		絶縁被覆の剝ぎ取り尺 電源線（白黒）の接続箇所：20mm　その他：12mm

近年の試験ではボンド線の取付工事は施工省略となる場合がほとんどなので、本問でも省略としているが、省略されない場合の施工法は第2章No.14に記載があるので、必ず練習しておくんだぞ！！

① • 第2章No.14を参考に、アウトレットボックスにゴムブッシングとねじなし電線管を取り付ける。
• 増し締めをして外れないようにすること。

止めねじの頭を
必ずねじ切れ！

アウトレットボックス周りの施工

② • 電源線のVVF2.0-2Cを出題寸法に合わせて切断し、外装を剥ぎ取る。

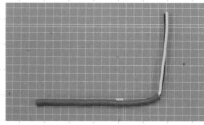

VVF2.0-2C　尺250mm
外装剥ぎ取り100mm

③ • 引掛シーリングを第2章No.10の手順で結線、出題寸法に合わせて切断する。
※「極」に要注意だ！

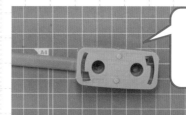

配線図通り、横から出るように施工しよう！

引掛シーリング（角形）の施工

④ • スイッチ「ロ」を規定寸法で結線、ケーブル切断及び外装を剥ぎ取る。
※配線図通り、ケーブルを曲げ加工するんだぞ！！

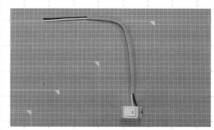

スイッチ「ロ」の施工
ケーブル尺350mm

⑤ • 連用取付枠に2連器具を取り付け、器具裏を結線する。

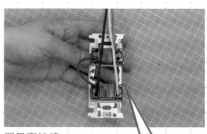

器具裏結線

国松式複線図絵描き歌で
結線作業を行おう！！

⑥
- ランプレセプタクルを第2章 No.13の手順で結線、出題寸法に合わせて切断する。
  ※「極」があるので、白線の結線位置に要注意だ！

ランプレセプタクルの施工

⑦-1
- 結線した器具を配線図と同じ形に並べ、施工条件を確認し、絶縁被覆を規定寸法で剥ぎ取る。
  電源側電線：20mm
  その他：12mm

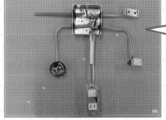

器具を配線図通りに並べる

> 2連装器具のIV線3本を電線管に通すのを忘れずに！

⑦-2
- 心線の本数と太さに気を付けながら、ジョイントボックス内の接続を行う。

圧着接続ほか

> 施工条件通りに圧着・差込接続するんだ！！

> ⑦-1のように、接続作業を行う時は、ボックスに差し込んだケーブル及びIV線を一旦外側に曲げておき、接続に必要となる電線だけを中央に引き寄せて作業を行うと、効率よく接続作業を行うことができるぞ！

第3章

13 ある候補問題（課題）を自らの手で作り上げよう！！

【完成施工写真】

候補問題No.11の完成写真

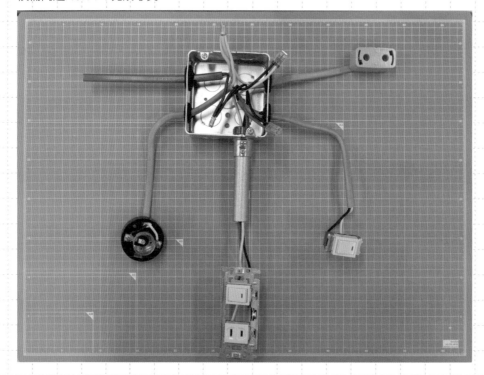

 これまで何度も言っているが、自ら作った完成作品を見て、今一度欠陥等が無いか
チェックするんだ！ 試験で欠陥と判定されやすい箇所について、以下まとめてお
くぞ。このような欠陥が無いように、十分注意するんだ！！

【候補問題No.11　欠陥判定となり易い注意ポイント！！】
①極性がある器具の接続間違い　②ねじ止め部の心線露出が5mm以上となっている。
　⇒これまでも耳にタコができるほど聞いていると思うが、間違えていないかチェックだ！
③埋込器具及び差込形コネクタへの差込不良（または心線の露出）
　⇒埋込器具は10mm、差込形コネクタは12mmの剥ぎ取りで接続するんだ！　奥までしっかり差し
　　込めば、心線は露出しないので、差込不良になることは無いぞ！
④リングスリーブ接続箇所について、スリーブ本体から10mm以上心線が露出している。
　⇒心線露出長は、リングスリーブ本体について上下共に1〜2mm程度だ。
⑤ボックスコネクタの止めねじの頭をねじ切っていない又はボンド線の取り付けをしていない
　⇒前者は真面目に何度も練習する人に多い欠陥だ。なお、ボンド線の取り付けは施工省略ではない
　　場合は必ず実施だ！　共に忘れずに、必ず実施してくれよ！！

【候補問題No.11複線図】

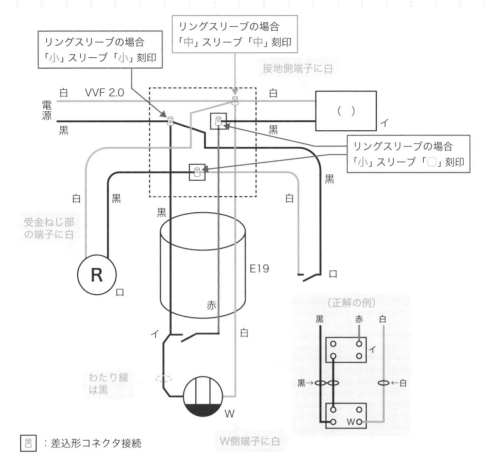

リングスリーブの場合
「小」スリーブ「小」刻印

リングスリーブの場合
「中」スリーブ「中」刻印

接地側端子に白

リングスリーブの場合
「小」スリーブ「○」刻印

受金ねじ部
の端子に白

わたり線
は黒

（正解の例）

W側端子に白

🔲：差込形コネクタ接続

（注）上記は一例であり、スイッチ及びコンセントの結線方法については、
これ以外にも正解となる結線方法がある。

候補問題の中にアウトレットボックスが出題されている場合は、アウトレットボックス周りの施工を最初にやっておくと、単位作業が進むにつれて完成写真のような作品のイメージができるので、作業もはかどり、効率よく取り組むことができるぞ！取り組む「順序」が大事なんだ！！

第2章から始まった単位作業の解説から、候補問題の施工手順も、先輩はずっと同じ順序ですよね！　自分なりのルールというか、現場でもそうやって規則正しく順序通りに施工することが、安全で効率がいいということなんですね！　僕も見習います！！

候補問題
No.12の課題作成に
挑戦しよう!!

動画はこちら!

候補問題No.12は、合成樹脂製可とう電線管（PF管）とアウトレットボックスの接続を要する回路だ。先ほどの候補問題No.11と同じで、電線管の中にIV線を通線するぞ。回路図の形は異なるが、スイッチ2箇所（イとロ）でそれぞれに点灯器具が付いているので、接続を間違えないよう注意するんだ！

公表候補問題No.12　P2

　図に示す低圧屋内配線工事を与えられた全ての材料(予備品を除く)を使用し、〈 施工条件 〉に従って完成させなさい。
なお，
　1．VVF 用ジョイントボックス及びスイッチボックスは支給していないので，その取り付けは省略する。
　2．電線接続箇所のテープ巻きや絶縁キャップによる絶縁処理は省略する。
　3．作品は保護板（板紙）に取り付けないものとする。

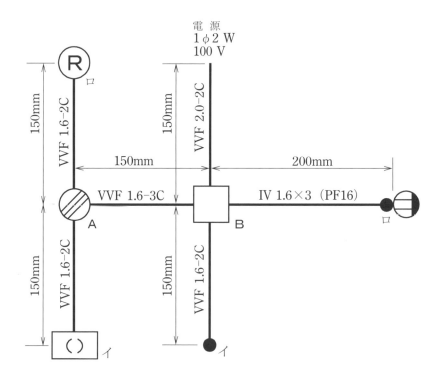

注：1．図記号は，原則として JIS C 0303：2000に準拠している。
　　　また，作業に直接関係のない部分等は省略又は簡略化してある。
　　2．Ⓡは，ランプレセプタクルを示す。

公表候補問題No.12　P1&3

〈支給材料〉

材　料	
1. 600V ビニル絶縁ビニルシースケーブル平形（シース青色），2.0mm，2 心，長さ約 250mm	1 本
2. 600V ビニル絶縁ビニルシースケーブル平形，1.6mm，2 心，長さ約 1000mm ・・・・・・・・・・・	1 本
3. 600V ビニル絶縁ビニルシースケーブル平形，1.6mm，3 心，長さ約 350mm ・・・・・・・・・・・	1 本
4. 600V ビニル絶縁電線（黒），1.6mm，長さ約 500mm ・・・・・・・・・・・・・・・・・・・・・・・・	1 本
5. 600V ビニル絶縁電線（白），1.6mm，長さ約 400mm ・・・・・・・・・・・・・・・・・・・・・・・・	1 本
6. 600V ビニル絶縁電線（赤），1.6mm，長さ約 400mm ・・・・・・・・・・・・・・・・・・・・・・・・	1 本
7. ジョイントボックス（アウトレットボックス）（19mm 4 箇所ノックアウト打抜き済み）・・・	1 個
8. 合成樹脂製可とう電線管（PF16），長さ約 70mm ・・・・・・・・・・・・・・・・・・・・・・・・・・	1 本
9. 合成樹脂製可とう電線管用ボックスコネクタ（PF16）・・・・・・・・・・・・・・・・・・・・・	1 個
10. ランプレセプタクル（カバーなし）・・・・・・・・・・・・・・・・・・・・・・・・・・・・	1 個
11. 引掛シーリングローゼット（ボディ（角形）のみ）・・・・・・・・・・・・・・・・・・・・・・・・	1 個
12. 埋込連用タンブラスイッチ ・・・・・・・・・・・・・・・・・・・・・・・・・・・・・・・・・・・・	2 個
13. 埋込連用コンセント ・・	1 個
14. 埋込連用取付枠 ・・	1 枚
15. ゴムブッシング（19）・・	3 個
16. リングスリーブ（小）・・・・・・・・・・・・・・・・・・・・・・・・・・（予備品を含む）6 個	
17. 差込形コネクタ（2 本用）・・・・・・・・・・・・・・・・・・・・・・・・・・・・・・・・・・・・・・	2 個
18. 差込形コネクタ（3 本用）・・・・・・・・・・・・・・・・・・・・・・・・・・・・・・・・・・・・・・	1 個
・　受験番号札 ・・・	1 枚
・　ビニル袋 ・・・	1 枚

《 追加支給について 》
　ランプレセプタクル用端子ねじ，リングスリーブ及び差込形コネクタは，作業のやり直し等により不足が生じた場合，申し出（挙手をする）があれば追加支給します。

〈施工条件〉

1．配線及び器具の配置は，図に従って行うこと。

2．ジョイントボックス（アウトレットボックス）は，打抜き済みの穴だけをすべて使用すること。

3．電線の色別（絶縁被覆の色）は，次によること。
　　①電源からの接地側電線には，すべて白色を使用する。
　　②電源から点滅器及びコンセントまでの非接地側電線には，すべて黒色を使用する。
　　③次の器具の端子には，白色の電線を結線する。
　　　・コンセントの接地側極端子（Wと表示）
　　　・ランプレセプタクルの受金ねじ部の端子
　　　・引掛シーリングローゼットの接地側極端子（接地側と表示）

4．VVF 用ジョイントボックス A 部分及びジョイントボックス B 部分を経由する電線は，その部分ですべて接続箇所を設け，接続方法は，次によること。
　　①A 部分は，差込形コネクタによる接続とする。
　　②B 部分は，リングスリーブによる接続とする。

5．電線管用ボックスコネクタは，ジョイントボックス側に取り付けること。

6．埋込連用取付枠は，タンブラスイッチ（ロ）及びコンセント部分に使用すること。

候補問題No.12の材料写真　一式

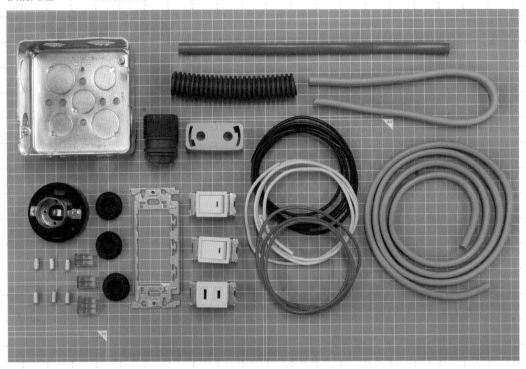

・PF管及びPF管用ボックスコネクタ
⇒ボックスコネクタとPF管を接続するときは、コネクタ外周にある「接続」の箇所
　に矢印を合わせるんだ！

・1.6mmIV線
⇒先ほどの候補問題No.11同様だ。黒線が長いのは、2連装器具取付箇所の結線時
　に「渡り線」として使用するからだぞ！

候補問題No.12で初登場となるのが、PF管とその付属品だ。基本となる単位作業
（第2章No.14）は練習してきていると思うが、PF管を使用する候補問題はこの
No.12だけなんだ。真面目に練習していれば大丈夫と言いたい所だが、ランプレセ
プタクルのように嫌っちゅーほど練習するわけじゃないので、つい「うっかり」の
イージーミスに気を付けてほしいぞ！
接続時は、コネクタ外周にある「接続」の位置に必ず矢印を合わせるんだ！！

剥ぎ取り尺を頭に叩き込んで、いざ！ 作業工程通りに作業を行え!!

先ずはアウトレットボックス周りの単位作業を行い、その後で個別に器具を結線する作業に入っていくといいぞ！

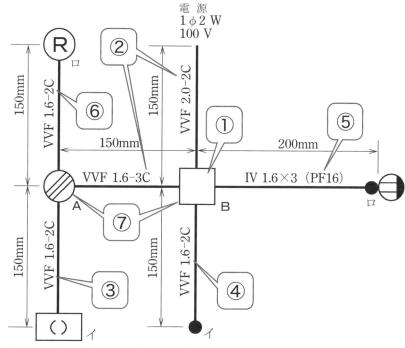

【ケーブル外装・絶縁被覆　剥ぎ取り尺　一覧】※①はアウトレットボックスを示している。

②		電源線：ケーブル尺250mm　ボックス側：外装剥ぎ取り100mm 渡り線：ケーブル尺350mm　両端の外装剥ぎ取り100mm
③		器具側：外装剥ぎ取り20mm　絶縁被覆剥ぎ取り10mm ケーブル尺250mm　ボックス側：外装剥ぎ取り100mm
④		スイッチ側：外装剥ぎ100mm　絶縁被覆剥ぎ取り10mm ケーブル尺250mm　ボックス側：外装剥ぎ取り100mm
⑤		器具側3本：絶縁被覆剥ぎ取り10mm　ボックス側電線尺：300mm 渡り線（黒）：尺100mm　両端の絶縁被覆剥ぎ取り10mm
⑥		器具側：外装剥ぎ取り40mm　絶縁被覆剥ぎ取り20mm ケーブル尺250mm　ボックス側：外装剥ぎ取り100mm
⑦	B部：20mm A部：12mm	絶縁被覆の剥ぎ取り尺　A部：12mm　B部：20mm

PF管用ボックスコネクタの支給が1個の場合は、アウトレットボックスとの接続に使用するが、支給数が2個となる場合は、器具側にもボックスコネクタを取り付けるぞ。ねじなし電線管でやった絶縁ブッシングと同じ理由（電線を傷つけないようにするため）と考えてくれればOKだ。なお、本問では施工省略を想定しているぞ。

コネクタ外周の矢印を「接続」
位置に合わせるんだ！

① ・第2章No.14を参考に、アウトレットボックスにゴムブッシングとPF管・PF管用ボックスコネクタを取り付ける。

アウトレットボックス周りの施工
PF管接続

② ・電源線とボックス間渡り線を出題寸法に合わせて切断し、外装を剥ぎ取る。

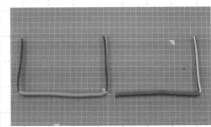

電源線　尺250mm　外装100mm
渡り線　尺350mm　外装両端100mm

③ ・引掛シーリングを第2章No.10の手順で結線、出題寸法に合わせて切断する。
※「極」に要注意だ！

引掛シーリングの施工

④ ・スイッチ「イ」を規定寸法で結線、出題寸法に合わせてケーブル切断し外装を剥ぎ取る。

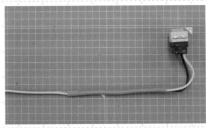

スイッチ「イ」の施工
ケーブル尺250mm

⑤
- 連用取付枠に2連器具を取り付け、器具裏を結線する。

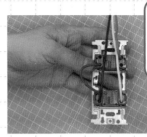

国松式複線図絵描き歌で結線作業を行おう！！

器具裏結線

⑥
- ランプレセプタクルを第2章 No.13の手順で結線、出題寸法に合わせて切断する。
※「極」があるので、白線の結線位置に要注意だ！

ランプレセプタクルの施工

⑦-1
- 結線した器具を配線図と同じ形に並べ、施工条件を確認し、絶縁被覆を規定寸法で剥ぎ取る。
  リングスリーブ箇所：20mm
  差込形コネクタ箇所：12mm

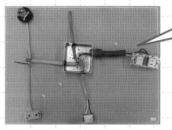

2連装器具のIV線3本をPF管に通すのを忘れずに！

器具を配線図通りに並べる

⑦-2
- 心線の本数と太さに気を付けながら、ジョイントボックス内の接続を行う。

圧着接続ほか

施工条件通りに圧着・差込接続するんだ！！

候補問題No.11同様、接続作業を行う時は、⑦-1のようにボックスに差し込んだケーブル及びIV線を一旦外側に曲げておき、接続に必要となる電線だけを中央に引き寄せて作業を行うと、効率よく接続作業を行うことができるぞ！

第 3 章

13 ある候補問題（課題）を自らの手で作り上げよう！！

【完成施工写真】

候補問題No.12の完成写真

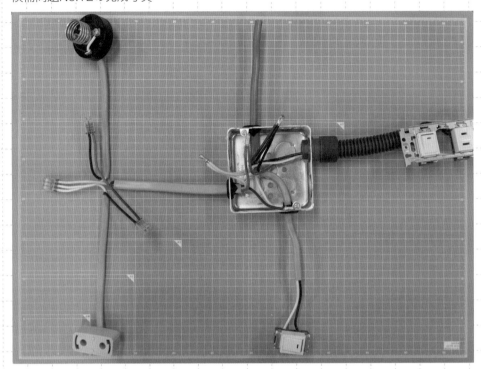

これまで何度も言っているが、自ら作った完成作品を見て、今一度欠陥等が無いか
チェックするんだ！ 試験で欠陥と判定されやすい箇所について、以下まとめてお
くぞ。このような欠陥が無いように、十分注意するんだ！！

【候補問題No.12　欠陥判定となり易い注意ポイント！！】

①極性がある器具の接続間違い　②ねじ止め部の心線露出が5mm以上となっている。
　⇒これまでも耳にタコができるほど聞いていると思うが、間違えていないかチェックだ！
③埋込器具及び差込形コネクタへの差込不良（または心線の露出）
　⇒埋込器具は10mm、差込形コネクタは12mmの剥ぎ取りで接続するんだ！　奥までしっかり差し
　　込めば、心線は露出しないので、差込不良になることは無いぞ！
④リングスリーブ接続箇所について、スリーブ本体から10mm以上心線が露出している。
　⇒心線露出長は、リングスリーブ本体について上下共に1～2mm程度だ。
⑤PF管の差込不良による抜ける等の施工不良
　⇒奥までしっかりと差し込むんだ！　なお、コネクタ外周にある「接続」の箇所に矢印を合わせる
　　ことも忘れずにな！！

【候補問題No.12複線図】

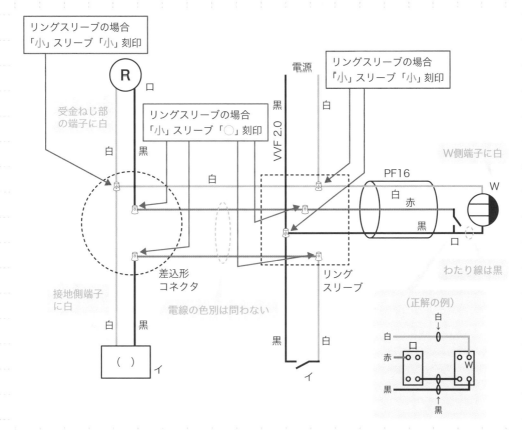

リングスリーブの場合
「小」スリーブ「小」刻印

リングスリーブの場合
「小」スリーブ「小」刻印

リングスリーブの場合
「小」スリーブ「○」刻印

受金ねじ部
の端子に白

電源

R

ロ

黒

白

白

黒

VVF 2.0

白

W側端子に白

PF16

白

赤

黒

ロ

W

差込形
コネクタ

リング
スリーブ

わたり線は黒

接地側端子
に白

電線の色別は問わない

白

黒

（　）

イ

黒

白

イ

（正解の例）

白

白

ロ

赤

W

黒

黒

（注）上記は一例であり、スイッチ及びコンセントの結線方法については、
　　　これ以外にも正解となる結線方法がある。

候補問題の中にアウトレットボックスが出題されている場合は、アウトレットボック
ス周りの施工を最初にやっておくと、単位作業が進むにつれて完成写真のような作
品のイメージができるので、作業もはかどり、効率よく取り組むことができるぞ！
取り組む「順序」が大事なんだ！！

電源線は2.0mmなので、○刻印であることは絶対にないですね！　1.6mmが2本
になる（渡り線と器具）場合は、小スリーブ○刻印となるので、その部分を間違え
ないように気を付けます！！

候補問題 No.13の課題作成に 挑戦しよう!!

動画はこちら!

重要度:🔥🔥🔥

候補問題No.13は、自動点滅器を端子台代用した回路だ。これまで取り組んできた成果を存分に発揮して、基本に忠実に単位作業を行えば、必ず攻略できるはずだ。基本に忠実、凡事徹底で取り組んでくれよ！！　VVRの剥き方はナイフを使うので、ケガをしないよう要注意だ！

公表候補問題No.13　P2

　　　図に示す低圧屋内配線工事を与えられた全ての材料（予備品を除く）を使用し、〈 施工条件 〉に従って完成させなさい。
　　　なお，
　　　1．自動点滅器は端子台で代用するものとする。
　　　2．ー・ー・ー で示した部分は施工を省略する。
　　　3．VVF 用ジョイントボックス及びスイッチボックスは支給していないので，その取り付けは省略する。
　　　4．電線接続箇所のテープ巻きや絶縁キャップによる絶縁処理は省略する。
　　　5．作品は保護板（板紙）に取り付けないものとする。

図1．配線図

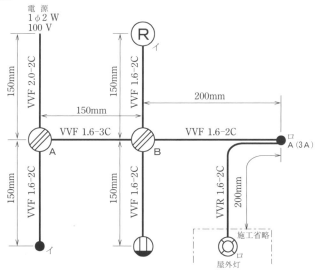

注：1．図記号は，原則として JIS C 0303:2000に準拠している。
　　　　また，作業に直接関係のない部分等は省略又は簡略化してある。
　　2．Ⓡは，ランプレセプタクルを示す。

図2．自動点滅器代用の端子台の説明図

公表候補問題No.13　P1&3

〈支給材料〉

	材　　料	
1.	600V ビニル絶縁ビニルシースケーブル平形（シース青色），2.0mm，2心，長さ約250mm ‥	1本
2.	600V ビニル絶縁ビニルシースケーブル平形，1.6mm，2心，長さ1400mm ‥‥‥‥‥	1本
3.	600V ビニル絶縁ビニルシースケーブル平形，1.6mm，3心，長さ約350mm ‥‥‥‥‥	1本
4.	600V ビニル絶縁ビニルシースケーブル丸形，1.6mm，2心，長さ約250mm ‥‥‥‥‥	1本
5.	端子台（自動点滅器の代用），3極 ‥‥‥‥‥‥‥‥‥‥‥‥‥‥‥‥‥‥‥‥‥	1個
6.	ランプレセプタクル（カバーなし）‥‥‥‥‥‥‥‥‥‥‥‥‥‥‥‥‥‥‥‥‥	1個
7.	埋込連用タンブラスイッチ ‥‥‥‥‥‥‥‥‥‥‥‥‥‥‥‥‥‥‥‥‥‥‥‥	1個
8.	埋込連用コンセント ‥‥‥‥‥‥‥‥‥‥‥‥‥‥‥‥‥‥‥‥‥‥‥‥‥‥‥	1個
9.	埋込連用取付枠 ‥‥‥‥‥‥‥‥‥‥‥‥‥‥‥‥‥‥‥‥‥‥‥‥‥‥‥‥‥	1枚
10.	リングスリーブ（小）‥‥‥‥‥‥‥‥‥‥‥‥‥‥‥‥‥‥‥‥（予備品を含む）	5個
11.	差込形コネクタ（2本用）‥‥‥‥‥‥‥‥‥‥‥‥‥‥‥‥‥‥‥‥‥‥‥‥‥	1個
12.	差込形コネクタ（3本用）‥‥‥‥‥‥‥‥‥‥‥‥‥‥‥‥‥‥‥‥‥‥‥‥‥	1個
13.	差込形コネクタ（4本用）‥‥‥‥‥‥‥‥‥‥‥‥‥‥‥‥‥‥‥‥‥‥‥‥‥	1個
・	受験番号札 ‥‥‥‥‥‥‥‥‥‥‥‥‥‥‥‥‥‥‥‥‥‥‥‥‥‥‥‥‥‥‥	1枚
・	ビニル袋 ‥‥‥‥‥‥‥‥‥‥‥‥‥‥‥‥‥‥‥‥‥‥‥‥‥‥‥‥‥‥‥‥	1枚

《　追加支給について　》

　ランプレセプタクル用端子ねじ，リングスリーブ及び差込形コネクタは，作業のやり直し等により不足が生じた場合，申し出（挙手をする）があれば追加支給します。

〈施工条件〉

1．配線及び器具の配置は，**図1**に従って行うこと。

2．自動点滅器代用の端子台は，**図2**に従って使用すること。

3．電線の色別（絶縁被覆の色）は，次によること。
　①電源からの接地側電線には，すべて**白色**を使用する。
　②電源から点滅器，コンセント及び自動点滅器までの非接地側電線には，すべて**黒色**を使用する。
　③次の器具の端子には，**白色の電線**を結線する。
　　・コンセントの接地側極端子（**W**と表示）
　　・ランプレセプタクルの受金ねじ部の端子
　　・自動点滅器（端子台）の記号　**2**　の端子

4．VVF用ジョイントボックス部分を経由する電線は，その部分ですべて接続箇所を設け，接続方法は，次によること。
　①**A部分**は，**リングスリーブによる接続**とする。
　②**B部分**は，**差込形コネクタによる接続**とする。

5．**埋込連用取付枠**は，**コンセント部分に使用すること。**

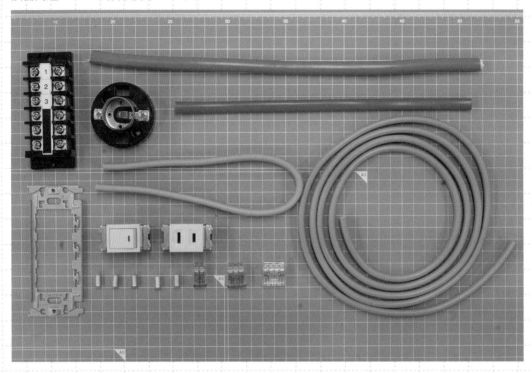

・VVR1.6-2C
⇒ナイフを使って剥ぎ取るが作業法は覚えているよな？

・端子台（自動点滅器代用）
⇒これまでも端子台代用の問題は見ているが、「何をどこに結線するか」　施工条件
　をよく確認するんだ！！

VVR1.6-2Cは、ケーブル外装の剥ぎ取りをナイフで行うので、けがをしないように
注意すると共に、ワイヤーストリッパに慣れている人や、あまりに登場しなさ過ぎ
て忘れている人は、単位作業（第2章No.09）を確認して、練習しておこう！！
それ以外は、すでに他の候補問題で触れている内容ばかりだ。そうだ、この候補問
題No.13が総決算だ！　これまでの理解度チェックと思い、取り組んでくれよな！！

剥ぎ取り尺を頭に叩き込んで、いざ！ 作業工程通りに作業を行え!!

　単線図からケーブル寸法を確認だ！　くどいようだが、ボックス内で電線接続を必要とする場合には、接続尺として＋100mm要することを忘れないでおくんだ！

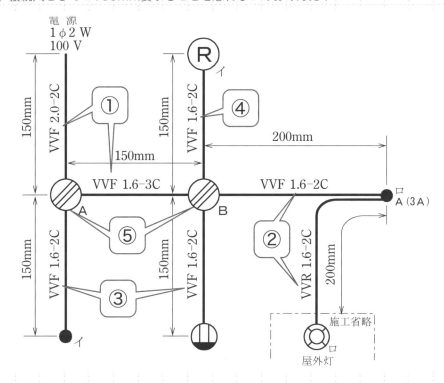

第
3
章

13 ある候補問題（課題）を自らの手で作り上げよう!!

【ケーブル外装・絶縁被覆　剥ぎ取り尺　一覧】

①		電源線：ケーブル尺250mm　接続側：外装剥ぎ取り100mm 渡り線：ケーブル尺350mm　両端の外装剥ぎ取り100mm
②		【共通】器具側：外装剥ぎ取り50mm　絶縁被覆剥ぎ取り12mm VVF：ケーブル尺300mm　接続側：外装剥ぎ取り100mm VVR：ケーブル尺200mm
③		器具側：外装剥ぎ取り100mm　絶縁被覆剥ぎ取り10mm ケーブル尺250mm　接続側：外装剥ぎ取り100mm
④		器具側：外装剥ぎ取り40mm、絶縁被覆剥ぎ取り20mm ケーブル尺250mm　接続側：外装剥ぎ取り100mm
⑤	A部：20mm B部：12mm	絶縁被覆の剥ぎ取り尺 A部分：20mm、B部分：12mm

 VVR1.6-2Cの加工はナイフで行うので、ケガしないように注意してくれよ！　残りは全て学習済みの単位作業ばかりだ、確実に行うんだ！！

① ・電源線のVVF2.0-2Cとジョイントボックス間のVVF1.6-3Cを出題寸法に合わせて切断し、外装を剥ぎ取る。

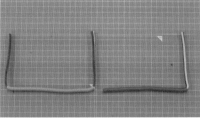

電源線　尺250mm　外装100mm
渡り線　尺350mm　外装両端100mm

② ・端子台にVVFとVVRの2心ケーブルをそれぞれ規定寸法で結線し、出題寸法に合わせて切断する。
※白線の結線位置を、施工条件で要確認だ！！

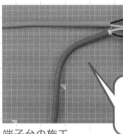

VVRケーブルは配線図通りに曲げておこう！！

端子台の施工

③-1 ・スイッチ「イ」を規定寸法で結線、出題寸法に合わせてケーブルを切断し、外装を剥ぎ取る。

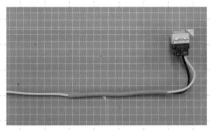

スイッチ「イ」の施工
ケーブル尺250mm

③-2 ・連用取付枠にコンセントを取り付け、VVF1.6-2Cを器具裏に規定寸法で結線、出題寸法に合わせて切断する。

連用取付枠にコンセントを取り付け

④ ・ランプレセプタクルを第2章No.13の手順で結線、出題寸法に合わせて切断する。
※「極」があるので、白線の結線位置に要注意だ！

ランプレセプタクルの施工

クリップがあると、接続しやすいぞ！！

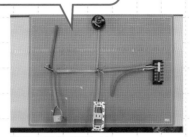
器具を配線図通り並べる

⑤-1
・結線した器具を配線図と同じ形に並べ、施工条件を確認し、絶縁被覆を規定寸法で剥ぎ取る。
リングスリーブ箇所：20mm
差込形コネクタ箇所：12mm

圧着接続ほか

⑤-2
・心線の本数と太さに気を付けながらジョイントボックス内の接続を施工条件通り行う。

候補問題を1から順に取り組んでいけば、最後の方はそのほとんどが同じ単位作業の繰り返しであることに気付くはずだ！　そう、何でもそうだ！！　サッカーならシュートやパスの練習、野球ならバットで素振りや投げる練習と言った基本動作を徹底的にやることと一緒で、第2種電気工事士の技能試験で出題される候補問題の課題を作り上げる過程で行う電線の加工・切断作業は、現場でも行われる基本動作なんだ！！

手を変え品を変えではないですけど、尺を変えて接続条件を変えて、果ては施工条件を変えていくつも候補問題を練習させるのは、それだけ基本が重要だからってことですね！　一通り候補問題をチェックしたら、再度単位作業をしっかりと練習しておきたいと思います！！

【完成施工写真】

候補問題No.13の完成写真

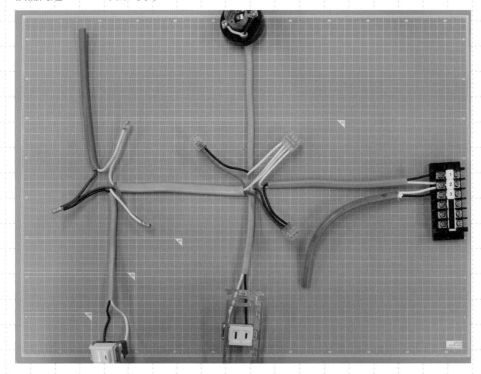

 以下、試験で欠陥と判定されやすい箇所についてまとめておくぞ。このような欠陥が無いように、十分注意するんだ！！

【候補問題No.13　欠陥判定となり易い注意ポイント！！】
①極性がある器具の接続間違い（ランプレセプタクル、コンセント、端子台）
②ねじ止め部の心線露出が5mm以上となっている（ランプレセプタクル、端子台）
　⇒耳にタコができるほど聞いていると思うが、間違えていないかチェックだ！
③リングスリーブ下端の心線露出が10mm以上となっている。
　⇒心線の露出長は、上・下共に2mm程度になるように施工するんだ！
④埋込器具及び差込形コネクタへの差込不良（または心線の露出）
　⇒埋込器具は10mm、差込形コネクタは12mmの剥ぎ取りで接続するんだ！
⑤連用取付枠を指定された箇所以外で使用している。
　⇒施工条件を必ず確認するんだ！！

【候補問題No.13複線図】

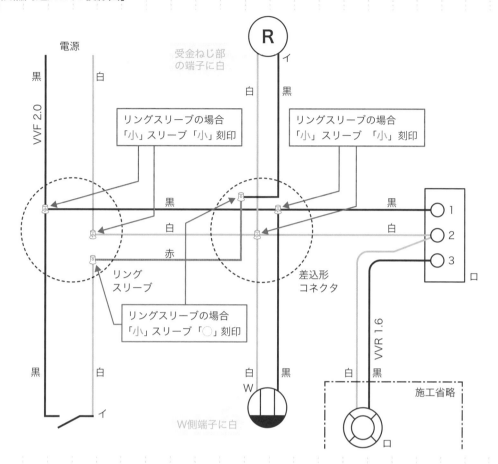

候補問題No.13最大のポイントは、端子台2（施工省略の屋外灯「ロ」）に結線する白線が負荷となることで、ボックスB内の結線（電源線の白線からの渡り線及び他の器具の線、1.6mm×4本の結線）が少し複雑になる所だ！　もしリングスリーブ接続となる場合は、小スリーブの小刻印になるので、要注意だぞ！！

基本に忠実に、施工条件を確認して丁寧に作業する。凡事徹底ですね！　あと、接続作業は、「国松式複線図絵描き歌」で順序良く結線していこうと思います！！

著者

佐藤 毅史（さとう つよし）

付加価値評論家®

調理師として延べ4年半勤務するも、体調不良と職務不適合の思いから退社。しかし、その3日後にリーマンショックが発生して、8か月間ニートを経験。その後不動産管理会社での勤務を経て、TSPコンサルティング株式会社を設立・代表取締役に就任。これまでに、財務省、商工会議所、銀行等の金融機関で企業研修・講演を依頼される人気講師の傍ら、現在は社外取締役を4社務める法律と財務のプロフェッショナルでもある。

主な保有資格：行政書士、宅建士、甲種危険物取扱者、毒物劇物取扱者、第2種電気工事士、消防設備士、
CFP®、調理師

TSPコンサルティング株式会社ホームページ　http://fp-tsp.com/concept.php

装丁・本文デザイン	植竹 裕（UeDESIGN）
DTP	株式会社 明昌堂
漫画・キャラクターイラスト	内村 靖隆
撮影	桜井 春佳
動画加工	山本 隆治　桜井 春佳
校閲	湯川 紗希　株式会社東京出版サービスセンター

電気教科書

炎の第2種電気工事士 技能試験 テキスト&問題集

2023年　6月22日　初版　第1刷発行

著　　者	佐藤 毅史	
発 行 人	佐々木 幹夫	
発 行 所	株式会社 翔泳社（https://www.shoeisha.co.jp）	
印刷・製本	株式会社シナノ	

ISBN 978-4-7981-7847-9　　　　　　　　　　　　　　　　　Printed in Japan